中公新書 2560

佐伯和人著

月はすごい

資源・開発・移住

中央公論新社刊

はしがき

大航海時代、産業革命、そういった人類史のターニングポイントに生きていた人たちのうち、どのくらいの割合の人がその時代の流れを実感していただろう。

なぜこんな疑問が頭に浮かぶかというと、今まさに、人類は宇宙への大航海時代のはじまりにおり、宇宙を舞台とした産業革命も同時にはじまろうとしていることを強く感じるからである。しかも、そう感じている人は、まだわずかしかいないようだ。

大航海時代にヨーロッパ人がめざした新大陸はアフリカ、アジア、アメリカ大陸であった。では、新大陸と新産業革命のカギを握る月とは、そもそもどのような天体だろうか。どのような鉱物に覆われているのか、真空の月面に何が漂っているのか、水はあるのか、暑いのか寒いのか。

本書はそうした話から出発するが、せっかくなので、手が届かないような遠く離れたところから見た月を語るのではなく、月面に立ったつもりで月の実態に迫ってみたい。なぜそうするかといえば、一部の限られた宇宙飛行士だけでなく、私たちが月に立つ時代がもう間近に迫っているからだ。

そんな時代はもっと先だと思っていた？

確かに、アポロ計画終了から四〇年以上、人類は月に行っていない。それは、アポロ計画がアメリカとソ連という二大国の冷戦の副産物という特殊な事情で実現した計画だったからである。あれから、科学や技術が進み、はるかに低いコストで、たくさんの国が月をめざすことができるようになってきた。国どころか、民間企業でさえも、月探査や月旅行を計画する時代が来た。

さらに、ここ数年で世界の状況は一変した。近年の月探査による新しい資源の発見、国際宇宙ステーション終了予定による新しい国際秩序の安全保障装置の必要性、中国の急速な宇宙開発への対応など、各方面のさまざまな思惑から月開発を推す風が次々と吹き始め、もう誰にも止められない強風となっている。今まさに人類は歴史のターニングポイントを迎えているのである。

このターニングポイントは、冒頭でも述べたように、大航海時代と産業革命が一緒に来るようなものである。

大航海時代の十五世紀半ばから十七世紀にかけて、ヨーロッパ人は、アフリカ大陸、アジア大陸、アメリカ大陸と、フロンティアを拡大していき、その過程で世界規模の貿易や、保険などさまざまな社会システムを作り出した。大陸の先住民にとっては侵略との戦いの歴史であるが、この時代がその後の世界の勢力図に大きく影響を与えたことは疑いない。

そもそもアフリカ大陸で生まれたとされる人類は、大航海時代を迎える遥か昔から、ユーラシア大陸、北アメリカ大陸、南アメリカ大陸、オーストラリア大陸、南極大陸、と活動の範囲を広げてきた。そして、今、まさに、次の大陸である「月」へとフロンティアを拡大しようとしている。大航海時代に先駆けて日本に渡って定住した日本人にとっては、「フロンティア」という概念よりも「七番目の大陸」と呼ぶ方が、具体的に人類のめざす方向性がイメージしやすいのではないだろうか。

七番目の大陸「月」は、アフリカ大陸とオーストラリア大陸をあわせたくらいの広大な大地である。そして、そこには、火星や木星、土星へと人類の活動を広げるための資源が眠っている。この新大陸を世界の各国がどのように開発していくかで、その後の太陽系の世界地図が決定すると言っても過言ではない。

そして、同時に来るのが新産業革命だ。

十八世紀半ばから十九世紀にかけて起こった産業革命の時には、製鉄と蒸気機関が産業の変革と社会構造の変革を引き起こした。そして、それを支えた資源が「鉄鉱石」と「石炭」である。さらに産業革命は人類の自然観も大きく変えた。

産業革命が進化論を産んだと言ったら、みなさんは驚かれるだろうか。産業革命当時のイギリスに広がっていたキリスト教的世界観では、人類をはじめ現在いる動物は天地創造の完了時には全種類そろっていたと考えられていた。

ところが、イギリスで石炭を運搬するための運河の工事をしていると、地下から見たこともない生物の化石が出てくる。また、地層によって生物化石の種類も変化する。さらに、イギリス国内の別の地域でも、同じような未知の生物の化石グループが同じような地層の順番で発見された。このことに気づいた運河技師のウィリアム・スミスが、世界で初めての地質図を一七九九年に完成させる。そこには、「過去の地球には人類はおらず、現代とは別の生物が活動していた世界があった」という新しい考え方が基礎にあった。この考え方が後に進化論につながっていく。

純粋にものを知りたいという好奇心だけでは、人類は地下の秘密を解き明かすまでには至らなかっただろう。そこに人類の生活を豊かにする鉱石があったからこそ、人類は命がけで鉱山の秘密を手に入れようと地下世界を掘り進んだ。

月の資源、宇宙の資源を求める旅は、地球の起源、太陽系の起源、そして生命の起源の秘密を解き明かす旅でもある。

新大陸「月」に行って、人類は何を体験するだろうか。そして、そこで何を得て、さらなるフロンティアの拡大にどう活かしていくのだろうか。

月探査・開発の動きはこの一、二年で急激に加速している。

日本の宇宙航空研究開発機構JAXAは二〇二一年度に小型月着陸実証機SLIMを、二〇二三年ころにはインドと共同で月の極域探査機を打ち上げようとしている。さらには、米欧露と協力して月上空に建造する国際宇宙ステーションから二〇三〇年代には月の有人探査を行う予定だ。中国は既に二〇一九年一月に人類史上初めて月の裏側に無人探査機を着陸させ、やはり二〇三〇年代に中国主導の月基地を建設しようとしている。

アメリカもついに月への再上陸に本腰を入れ始め、月上空の宇宙ステーション建設を待たずに、前倒しで二〇二四年までには独自の有人月着陸を行うと発表した。

これとは別に民間の月探査もはじまった。二〇一九年二月にイスラエルの民間団体が民間初の月探査機を打ち上げた。日本の民間企業 ispace 社も月着陸探査機を二〇二一年と二〇二三年に打ち上げる予定だ。

私が日本の月探査計画に関わるようになって二四年になるが、二〇一七年末ころからの月探査への追い風は、それまでとは全く別次元の強さを持っている。本書を読み終わるころには、その理由も含めて読者の方々にも実感していただけるだろう。

これから数十年のうちに人類が月で行うさまざまな活動は、今後、数百年の人類の生活や世界のありかたに大きな影響を与えることになる。つまり、我々の世代は、将来の人類に絶大な影響を与えるさまざまな選択をするということだ。

本書を読み終わった時、宇宙開発に関する数多くのニュースが月へのフロンティア拡大とどのように関係しているのかが推測できるようになる。そうなれば、今のこの時代を、特別な時代として、さらに楽しむことができるはずだ。そして、ぜひ人類の選択にさまざまな形で参加してもらいたい。そのためのヒントも本書の各所に埋め込んである。

目次

月の表

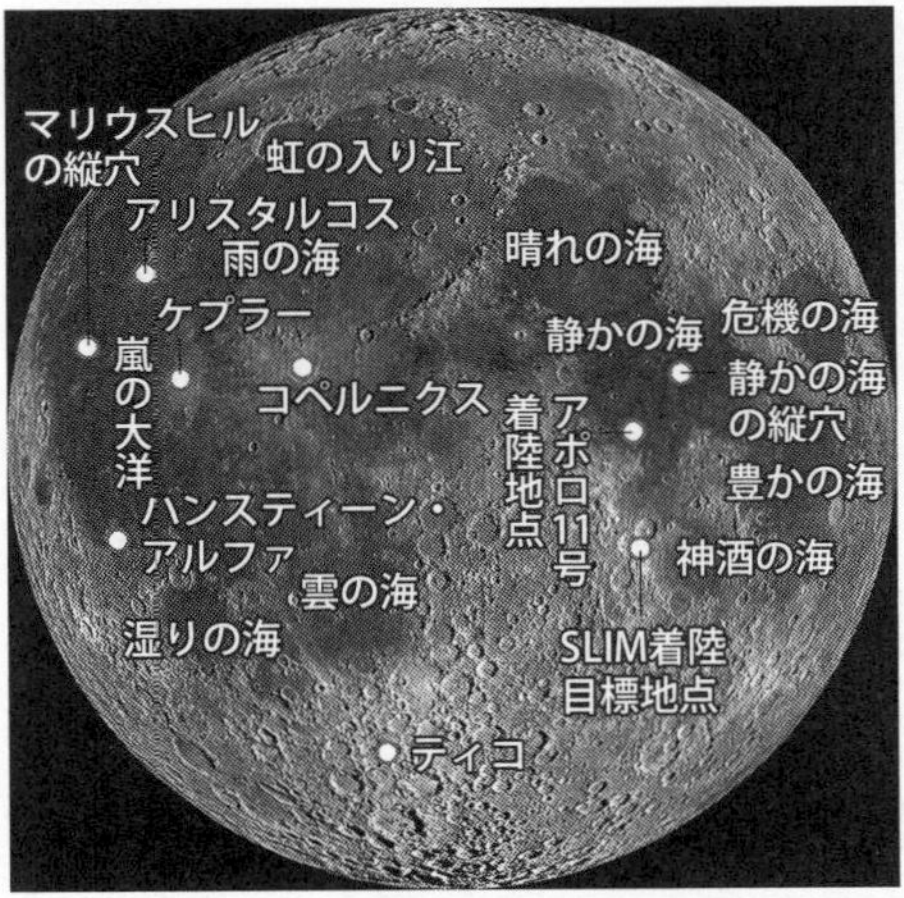

月の裏

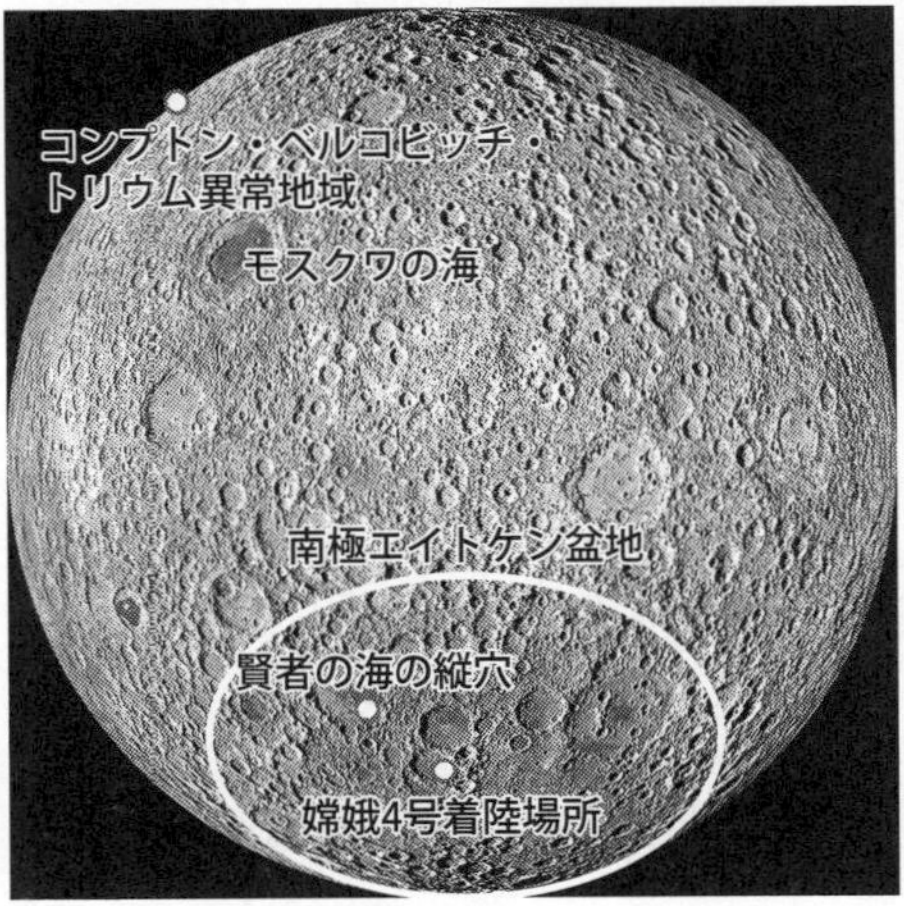

月の地図

アメリカのルナ・リコネッサンス・オービター探査機の月画像（NASA/LRO）に、本書に出てくる地名を重ねた

章扉写真　NASA/LRO

図表作成　関根美有
DTP　市川真樹子

月はすごい

資源・開発・移住

序章
知識の再確認

月のように地形の特徴まで観察可能な天体が空に浮かんでいるとは、考えてみるとなかなか面白いことだ。こんな天体が空に浮かんでいるのに、どうして人類は古代文明から近代まで何千年もの間、地球が球体だと思わなかったのか、かえって不思議だ。しかし、知識を得てから見る月と、何も知らないで見る月とは、やはりずいぶん違うのだ。

ふだん何気なく見上げる月について、どれほど知っているだろうか。月はなぜいつも同じ模様なのか。オーストラリアで見る月の模様は日本と同じか。昨日見た月は、今日はいつどんな形で現れるのか。なぜ月食は世界中で見られるのに、日食は地域限定なのか。どうやって月は満潮や干潮をつくりだしているのか。本章では月に関する知識を整理して、地球から見る月をバージョンアップしておこう。

月までの距離

地球から月までの距離は三八万キロメートルである。光は秒速三〇万キロメートルなので、月から光が届くのに、約一・二七秒かかる計算である。電波も光も電磁波の一種なので、同じ速度で空間を伝わる。月にいる宇宙飛行士と無線機で会話をすれば、こちらの声が届くのに一・二七秒、相手の返事が届くのにも一・二七秒かかるので、返事を待つのに合計二・五秒不自然な間ができることになる。会話をするには少々不便なずれである。

しかし、会話が無理な距離ではない。天文学の世界で遠い距離を測るのに、何光年という言い方がある。これは光が届くのに何年かかるかで距離を表現する方法だが、同じ方法を使えば、地球から月までは一・二七光秒ということになる。地球に最も近い惑星は火星であるが、地球に近づいた時で、約五八〇〇万キロメートルなので、一九三光秒である。また、太陽までの距離は、約一億五〇〇〇万キロメートルで四九九光秒である。

太陽系から最も近い恒星（太陽のように自ら光り輝く天体）はプロキシマ星で、四・二光年の距離である。月に比べると、途方もない距離だ。しかし、もし、プロキシマ星の周りに高度な文明を持つ宇宙人の住む惑星があり、地球から飛び出した微弱なテレビ電波を受信する技術があるとしたら、四年ほど前のテレビ番組を見ていることになる。そう思うと、案外近いものである。

しかし、宇宙はもっと広い。我々が所属している天の川銀河の直径は、約一〇万光年。さらに宇宙の大きさは、観測可能な範囲だけでも地球を中心に半径約四六四億光年あり、宇宙全体はそれよりもはるかに広大であると考えられている。

天体の大きさ比較

話をいったん太陽系サイズにもどして、大きさと距離感をもう少し具体的にイメージしてみよう。太陽を直径一〇〇センチメートルの球とする。

この時の各惑星と月の大きさを図1と表1に表現してみた。いかがだろう。月が水星や火星に比べて案外大きいことや、土星や木星に比べて地球がちっぽけな天体であることがわかるかと思う。火星は地球の半分くらいの大きさなのに対して、月は地球の四分の一程もある。火星がもし月の距離に浮かんでいたら、月の直径を二倍したサイズに見えるのだなと想像すると楽しい。そして、太陽が圧倒的に大きいことも改めてわかるだろう

次にイメージしてほしいのはこれらの天体がどのくらい離れているかということである。

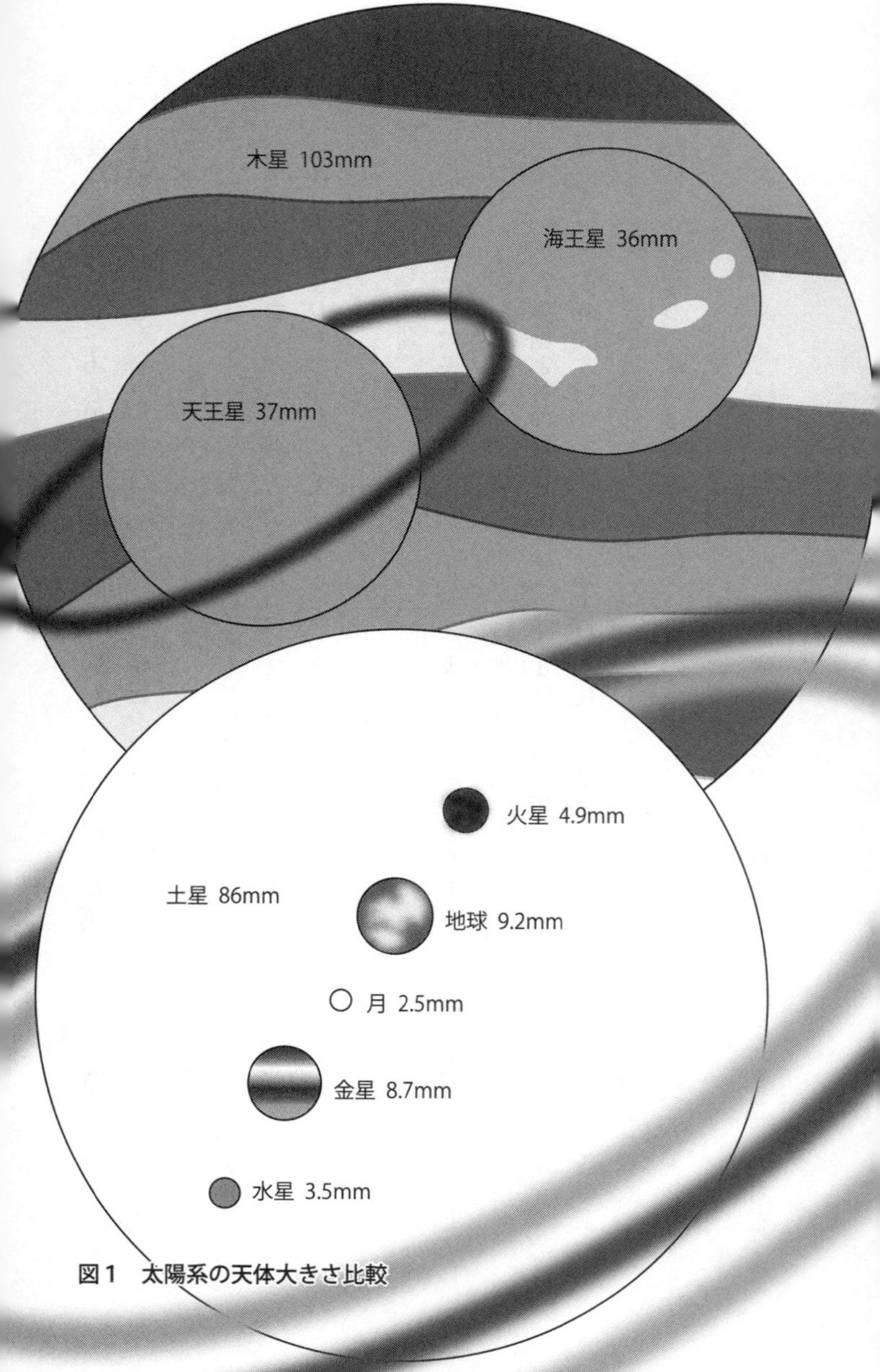

図１　太陽系の天体大きさ比較

太陽からの距離を先ほどと同じ縮尺でまとめたのが表2だ。子どものころには、太陽を中心に近い順から「水金地火木土天海冥」の順番だと覚えたが、冥王星《めいおう》は同じような軌道に同じようなサイズの天体がたくさんあるということがわかり、二〇〇六年に惑星ではなく準惑星に降格した。

先ほどと同じ縮尺で月と地球との距離を計算すると二八センチメートルである。この距離

表1　太陽系の天体大きさ比較

	赤道半径（km）	太陽の大きさ（直径）を100cmとした時の大きさ（cm）
太陽	696000	100.00
地球	6378	0.92
月	1738	0.25
水星	2439	0.35
金星	6052	0.87
火星	3397	0.49
木星	71398	10.26
土星	60000	8.62
天王星	25560	3.67
海王星	24760	3.56

表2　太陽からの距離
（月のみ地球からの距離）

	太陽からの距離（天文単位）	図1と同じ縮尺の時の距離（m）
地球	1	108
水星	0.39	42
金星	0.72	78
火星	1.52	164
木星	5.2	559
土星	9.6	1027
天王星	19.2	2066
海王星	30.1	3237
月	地球から38万km	地球から28cm

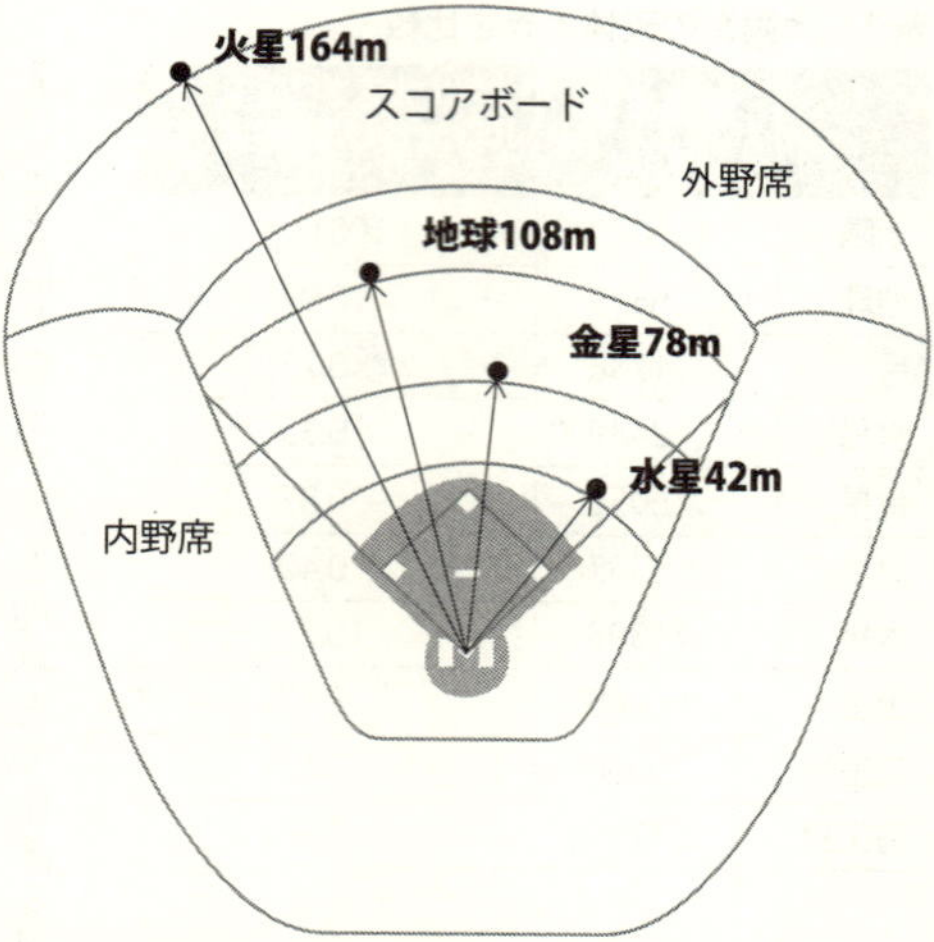

図2　甲子園とミニ太陽系

は地球一周の九周半分だと考えると、案外近く感じる。一方、太陽から惑星までの距離はかなり遠い。水星までが四二メートル。甲子園場内の地図に天体を並べてみた（図2）。野球ファンでなくてもニュースなどで、年に何度かは目にすることもあるだろう。金星までが七八メートル。地球までは一〇八メートル。ここまでがグラウンドの範囲内だ。火星までとなると、一六四メートル。大ホームランである。

　ここから先は、球場を飛び出してしまうので、別のものでイメージしてみよう。長い距離は、スマホの地図アプリなどで、住んでいる土地の地図を出して距離を測るとイメージしやすい。ぜひ、お住まいの地域の地図で試してもらえればと思う。グーグルマップの「距離を測定」という機能を使うと、地図の二点間の距離を簡単に知ることができる。東京と大阪を例にどのようにイメージするか紹介しよう（図3）。

木星が約五五九メートル、土星が約一キロメートル、天王星が二・一キロメートル、海王星が約三・二キロメートルの距離にある。この距離を、それぞれの都市で有名な待ち合わせ場所を中心に見てみよう。東京はJR渋谷《しぶや》駅のハチ公前、大阪はJR大阪駅時空《とき》の広場を中心にミニ惑星を配置する。

ハチ公に直径一〇〇センチメートルの太陽をかぶせておいて、公園通りの坂を上っていくと、あともう少しでNHKというあたりで直径一〇・三センチメートルの木星が浮かんでいる。さらに歩いて国立代々木《よよぎ》競技場を越えたあたりに直径八・六センチメートルの土星が浮かぶ。天王星（三・七センチメートル）ともなると代々木上原《よよぎうえはら》駅あたり、もしくは真西に進んだ場合は駒場東大前《こまばとうだいまえ》駅と池ノ上の中間あたりだ。海王星（三・六センチメートル）は三軒茶屋《さんげんぢゃや》や下北沢《しもきたざわ》にまで達する。

次は大阪でやってみよう。時空の広場から五六〇メートルの木星（一〇・三センチメートル）は空中庭園のあるスカイビルあたりにある。土星（八・六センチメートル）の距離一キロメートルは隣の福島《ふくしま》駅あたり。淀屋橋《よどやばし》駅も同じくらいの距離だ。天王星（三・七センチメートル）の二・一キロメートルは十三《じゅうそう》方面に歩いて橋を渡って淀川《よどがわ》を越えたあたり。海王星の三・二キロメートルはちょうど大阪城のあたりである。

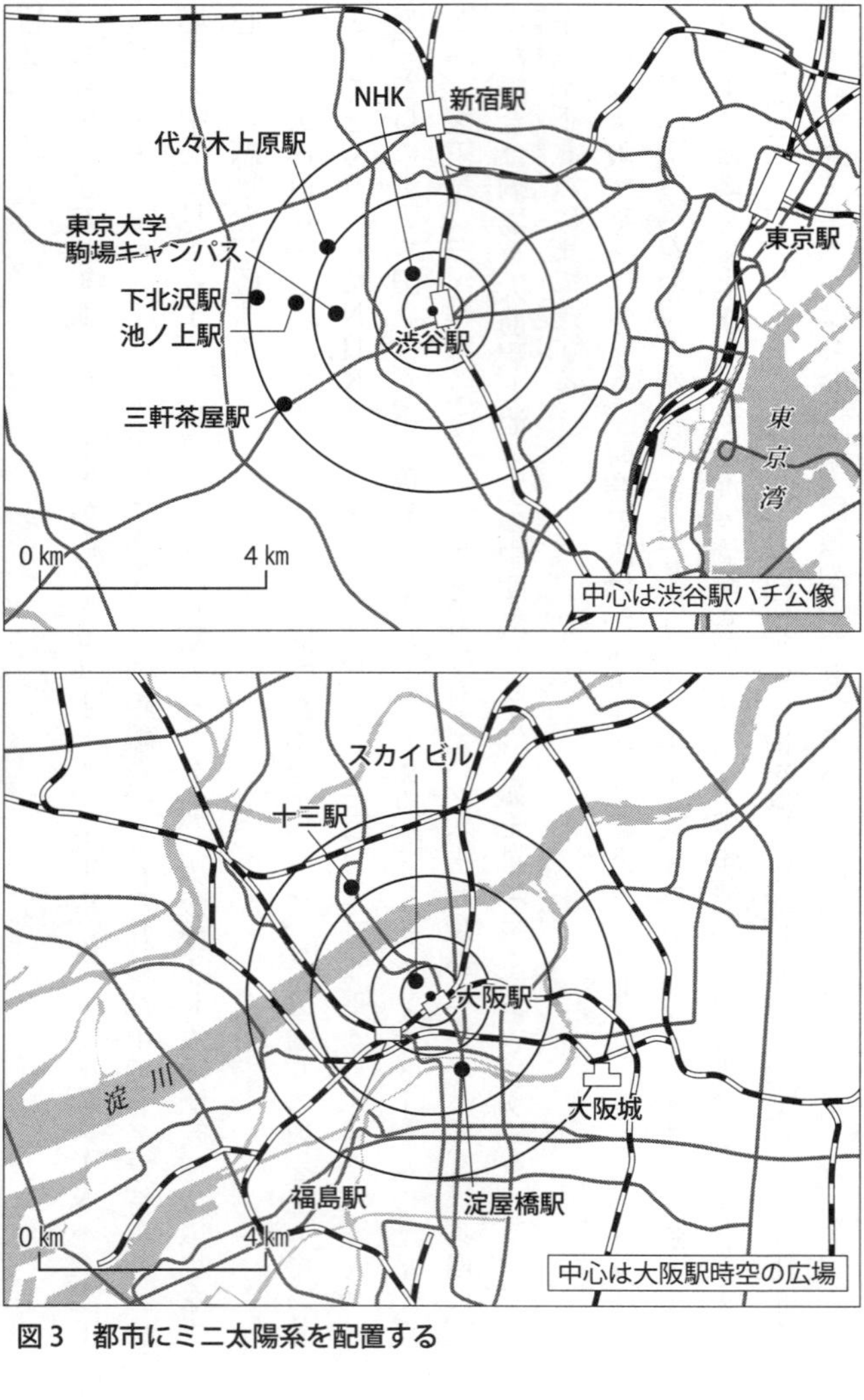

図3　都市にミニ太陽系を配置する

アメリカの探査機ボイジャーは太陽系の果てを見つけた。太陽から噴き出す太陽風《たいようふう》という粒子の流れの影響が観測できなくなるところである。そこは、太陽―地球間の距離の一二〇倍、なんと、一三キロメートルのところだ。これは、ハチ公前からだと、調布市《ちょうふ》、三鷹市《みたか》、武蔵野《むさしの》市のあたり、時空の広場からだと、箕面《みのお》市や八尾《やお》市のあたりとなる。太陽系の大きさもすごいが、ボイジャー探査機という人間のつくったものが、こんな遠くにまで旅をしていて、しかも観測データを地球に送ってきたことにも驚く。

ここでもう一度、この広大な太陽系の中の主要な物質である惑星の大きさを、表1で思い出しておきたい。太陽系がいかにスカスカな空間であるかがおわかりかと思う。

さて、この縮尺で、一番近い恒星はどのくらいの距離になるだろうか。四・二光年先のプロキシマ星まで約二万九〇〇〇キロメートル。地球一周の実際の距離は四万キロメートルなので、実に地球を四分の三周するほどの距離である。スカスカと思える太陽系すら、恒星間のスカスカさに比べれば、物質が濃く集まったところであることがわかる。

いつ見ても同じ模様の月

案外知られていないが、月は常に同じ面を地球に向けている。地球から見える月の半球を日本では表側と呼び、地球から見えない半球を裏側と呼ぶ。英語ではそれぞれニアサイド

（近い側）、ファーサイド（遠い側）と呼ぶのだが、英語の呼び方の方がわかりやすい気がする。なぜ、いつも同じ側を地球に向けているのかというと、少し重い月の表側が地球の引力に引き付けられているからである。同じ面を地球に向けているということは、月自身が回転する自転と、月が地球の周りを回る公転の周期が同じということである。このような状況を、自転が惑星にロックされているという言い方をする。

月が地球の周りを回る公転周期は約二七・三日で、自転周期も全く同じだ。ところが満月から満月までの周期は約二七・三日ではなく、約二九・五日である。この謎解きはちょっとした頭の体操になるので、ぜひ図4を見て考えていただきたい。

地球の北極はるか上空の宇宙から地球を見ると、地球は、左回り（時計と反対回り）に自転している。地球が太陽の周りを回るのも、左回り。月が地球の周りを回るのも左回りである。Aの位置が最初の満月で、それから公転周期の分だけ移動した月がBの位置の月であるおわかりだろうか。月は一周しているが、月と地球と太陽は一直線にはなっていない。一直線に並ばないと地球から見て満月にならないわけだが、一直線になるには、もう少し月が左回りに公転しなければならない。このちょっとの差が、二七・三日と二九・五日の差なのだ。

話を自転のロックにもどす。自転がロックされるのは、それほど珍しいことではなく、木星のガリレオ衛星と呼ばれる、ガニメデ、エウロパ、イオ、カリストの四大衛星も、火星の二大衛星フォボス、ダイモスもそれぞれロックされている。

自転がロックされているということは、地球から見れば、月の模様がいつも同じに見えるということであるが、月面から見れば地球がいつも空の同じところに見えているということである。月の裏側に基地をつくったら永久に地球は見えないし、表側の基地からは常に地球が見える。

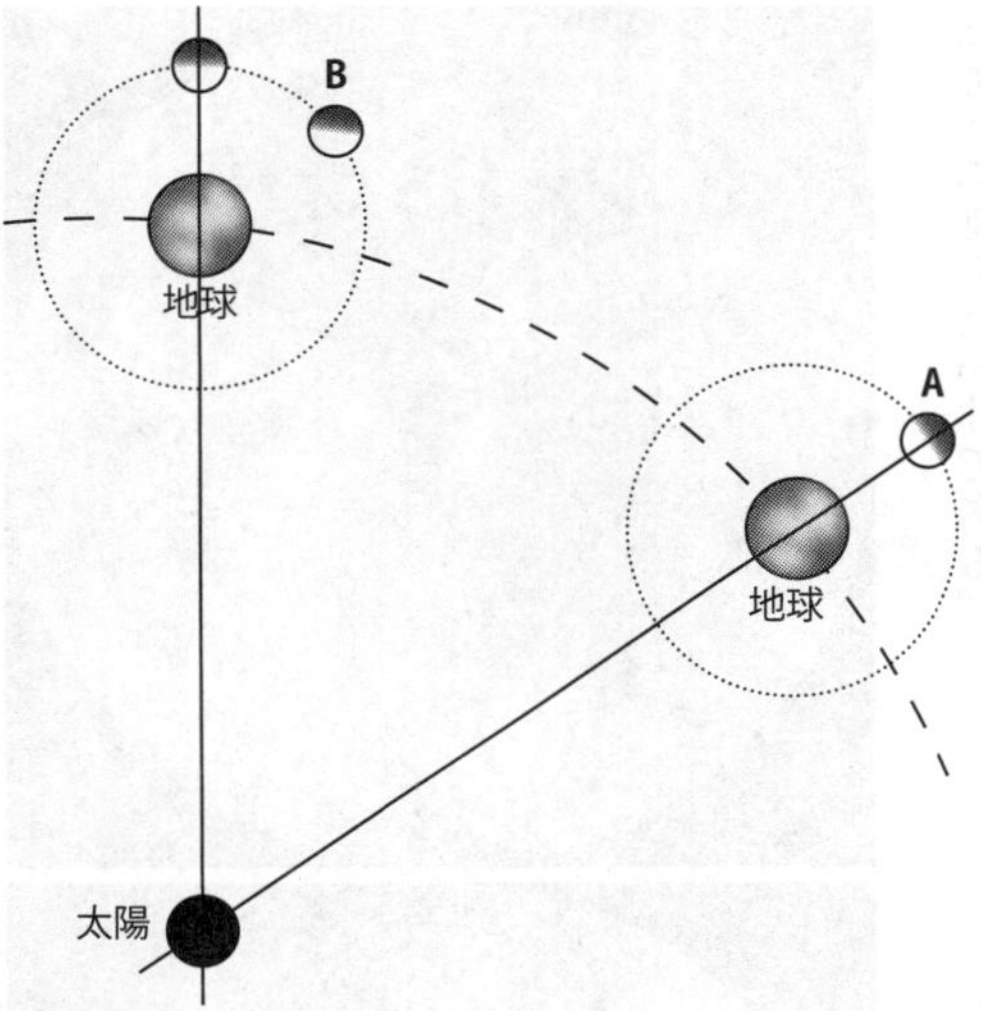

図４　月の自転と公転

月周回衛星「かぐや」に搭載されたハイビジョンカメラで撮影した動画の中では、「地球の出」という動画が特に有名になった。これは、月の地平線から地球が昇ってくるという動画であるが、ここまでの説明でおわかりのとおり、月に住んだら、「日の出」は見られても「地球の出」は見ることができない。月上空を飛行する「かぐや」が月の裏側から表側に回ってきたからこそ、地球が昇ってきたように見えたわけである。

月の裏側

今の人類が誕生してから約二六〇万年が経過していると言われているが、つい六〇年前ま

図5　月の表側（上）と裏側（下）（NASA/LRO）

で、人類は月の裏側を見たことがなかった。最初に見られた月の裏側は、一九五九年にソ連の無人月探査機ルナ3号のカメラによって撮影されたものである。面白いことに、月の表側のクレーターには欧米の偉人の名前がついている例が多いが、裏側はソ連が最初に撮影したので、元素の周期表をつくった化学者メンデレーエフや、ロケット研究者のツィオルコフスキーなど、ロシア系の偉人の名前が多い。

人類が肉眼で裏側を目にするのは、月着陸の準備として行われた有人月周回探査である一九六八年のアポロ8号を待つことになる。月の表側と裏側の比較画像が図5である。表と裏では暗い部分の面積が大きく異なっていることがわかる。表と裏の違いがなぜ生じたかは現在でも月科学最大の謎である。付け加えると、人類が地球全体を丸ごと肉眼で観察したのも、アポロ8号の宇宙飛行士が最初であった。図6はおそらく世界で最も有名な地球の画像である、ア

図6　世界でもっとも有名な地球の写真。ザ・ブルーマーブル（NASA）

ポロ17号が撮影した通称「ザ・ブルーマーブル」である。地球全体は地球から遠く離れないと見ることができない。人類は月への旅に出かけて初めて、自分の住む惑星、地球の姿を見ることができたというわけだ。

この画像は当時の人類に衝撃を与えた。地球の周りには広大な宇宙空間が広がる一方で、人類が生活しているのは地球のなかでも、地球をリンゴに譬えたら皮一枚にも満たない薄い大気の層の中に限られていることを、実感させられたからである。この画像から「宇宙船地球号」という言葉が生まれた。「我々が生きられる空間は限られている。だから環境を守らねばならない」という発想が生まれたのである。

月の満ち欠け

月の満ち欠けの仕組みは図7を使うと理解しやすいのではないだろうか。かくいう私は子どものころ、図7のような図を見て初めて月の満ち欠けの意味が理解できた記憶がある。小学校の理科の教科書では「夕方に東の空から昇ってくるのが満月です」などと丸暗記を要求されていたが、暗記が苦手な私は覚えられなかった。しかし、図7のように、とにかく北極上空から見ると全部左回りに回っているということさえ覚えておけば、図を見ながら地球のある時間に月がどのように見えるかを知ることができる。暗記が苦手な人にはお勧めしたい

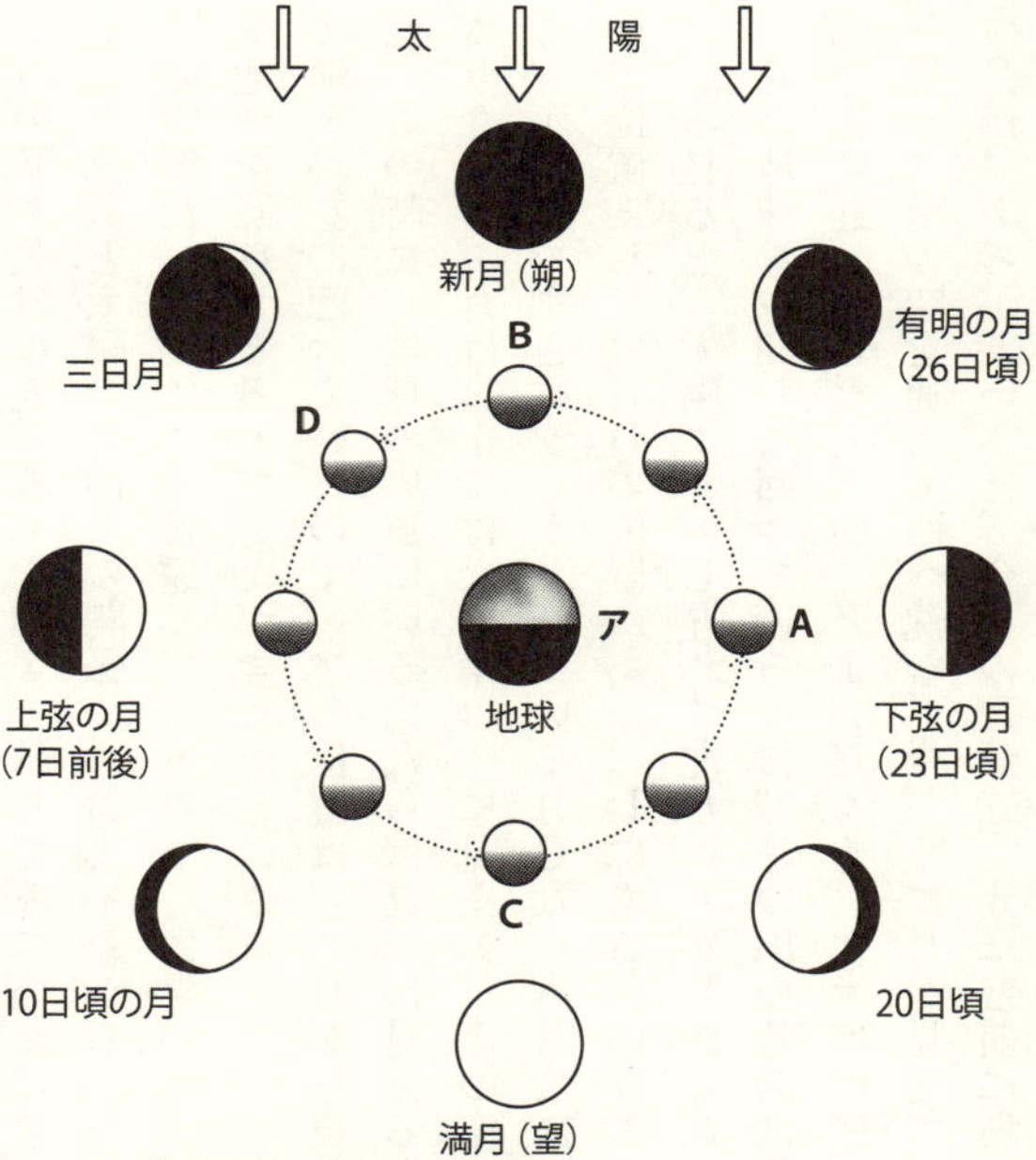

図7　月の満ち欠けの読み取り

方法だ。

ところで、理科の教科書をつくっている出版社の方に聞いたのだが、教科書には上の学年で習う情報は載せられないのだそうだ。「夕方に東の空から満月が昇ってくる」ことを教える学年では、まだ地動説を教えないので、図7のような図は載せられないそうだ。教科書は教える内容の指標なので、そのようにつくらざるを得ないのはわかるが、教育の現場でもし月の形が変わる理由に関心をもつ生徒がいたら、先生はその生徒をちょっぴり早く天動説の世界から解放してあげて欲しい。

月の満ち欠けの読み取りを図7で試してみていただきたい。地球上の時間は地球の上にいる人の位置と太陽の方向との関係でおおよそわかる。一つだけ注意しておくべきことは、太陽の距離だ。太陽はずっと遠くにあるので、太陽の光は、図のはるか上側からまっすぐに月や地球を照らすと考えていただきたい。

地球が左に回っているので、アの位置は、これから夜が明けて太陽が見えようという位置だ。この時に、地球の赤道にいる人ならば真上に見える月Aは半月だ。日本は、赤道より北寄りなので、月は真上ではなく南の空に見える。東の空でまさに昇ろうとしている月Bは新月、西の空でまさに沈もうとしている月Cなら満月である。三日月は新月から三日目の月なので位置としては月Dの位置にある。Dにあるということは、左回りに回転している地球の人から見ると、太陽より少し遅れて沈むことがわかるだろう。

月は地球を左回りに回っているので、月の出の時間はだんだん遅くなる。一日だいたい五〇分程度遅れると覚えておくとよいだろう。北半球に住んでいる我々から見ると、月は東から昇って南の空を通って西へ沈む。今、空に月が見えているとして、明日の同じ時刻にどこに月が見えるかというと、今日の月が五〇分ほど前にあった位置ということになる。

こぶしを作ってから指相撲をする時のように親指を立て、さらに腕をまっすぐ星空に伸ばして欲しい。その時の小指から親指の先までの距離がだいたい星空の角度にして一五度くらいだ。大人と子どもではこぶしの大きさが異なるが、それに比例して腕の長さも異なるので、大人でも子どもでも、腕をまっすぐ伸ばすとこぶしでつくった角度はほとんど同じになる。

月は一時間で一五度星空を移動する。逆の言い方をすれば、地球は一時間に三六〇度を二四時間で割った、一五度自転する。一時間後の月は親指立てこぶしの距離を進んでいる。明日の同じ時間の月は、五〇分遅れているので、一時間分の親指立てこぶしとほぼ同じくらいの距離、昇るのを遅らせた場所にあるはずだ。月は夜に出る割合が多いように感じている人もいるかもしれないが、昼の月は太陽が明るくて目立たないだけで、月は毎日毎日、五〇分ずつ遅れて空を回っている。

潮の満ち引き

月の運行に伴う現象として、押さえておきたいのが、潮の満ち引きである。月のある側の地球の海水は、月の引力に引っ張られて月へ向かって盛り上がる。これが満ち潮である。盛り上がっているのは、月のある側だけでなく、その反対側も盛り上がっている。これは、月が小さいながらも地球を振り回しているからである。

大人が幼児の手を持って、ぐるぐるとメリーゴーラウンドのように回転して振り回すさまを想像してほしい。このとき、子どもが回る遠心力に対抗するために、大人はのけぞってバランスを取らなくてはならない。そうすると、大人の頭にも子どもの反対方向に引っ張られる遠心力が働く。そのような理由で、月と反対側の海水も盛り上がるのである。

ただし、海水が移動するのには時間がかかるので、実際の満潮の位置は、月の真下や反対よりも、地球が自転する方向に少しずれている。

おおまかには、月の近くと月の反対側が満潮だと考えて良いので、地球が一周する一日の間に、満潮は二回訪れることになる。また、空の月の位置は毎日おおよそ五〇分ずつ遅れるという話をしたが、それに連動して、満潮、干潮の時間も毎日おおよそ五〇分ずつ遅れるということになる。二日連続で海水浴や釣りに行くときには、覚えておくと便利である。

また、太陽も月ほどではないが地球を太陽と太陽の反対側へ引っ張ろうとする潮汐《ちょうせき》力を発生している。このため、太陽と月と地球が一直線になるとき、すなわち、新月と満月の時には、月が地球を引き伸ばそうとする力と太陽が地球を引き伸ばそうとする力が重なって、ふだんより満潮と干潮との差が大きくなる。この状態を大潮と言う。

海の生き物の中にはこの大潮の時に産卵をするものが複数種いるようだ。その理由は、海中に卵を産む生物は、海水の動きが大きいのを利用して卵を遠くまで運べるからで、浜辺に卵を産む生物は、ふだん海水が届かない陸の奥の方に卵を産めるからということらしい。海釣りは大潮前後が良く釣れるとされているが、これも海水が良く動くことと関係しているだろう。

人間の行動や精神に満月が影響を与えるという話はしばしば耳にするが、科学的には確認されていない。潮汐力が人間に影響を与えているとすれば、新月の時にも満月と同じ効果がありそうだが、新月の夜に行動や精神に変化が起きるという話はあまり聞かない。

電灯もなく、夜は月明かりを頼りにしていた時代であれば、満月の夜に活動的になるということはあるだろう。しかし、昨晩の月の形がどんな形だったかも知らずに夜もまぶしい電灯の下で過ごしている人が大半の現代人の生活には、何も影響を与えていないと思う。大潮にそわそわしている人がいるとしたら、それはきっと海釣りが好きな人だ。

月の運行で芸術鑑賞

月の運行を理解したら、ぜひ、芸術の世界に描かれた月の運行を鑑賞したい。

まずは、江戸時代の俳人、与謝蕪村《よさぶそん》の有名な俳句を鑑賞しよう。

菜の花や月は東に日は西に

これは、月と地球と太陽の直列状態を表現した実に壮大な句である。この月は、もちろん満月だ。映画「二〇〇一年宇宙の旅」のオープニングにも月と地球と太陽が並んだ状態を月の裏側から見た映像がある。この画面の構図は、後のSF映画にも大きな影響を与えているが、これぞまさに、宇宙から見た「菜の花や月は東に日は西に」の状況である。私は「二〇〇一年宇宙の旅」のスタンリー・キューブリック監督が作り出す美しい映像の大ファンであるが、キューブリック監督に、この状況をたった十七音で表した芸術があることを伝えたら、どんな感想を持っただろうか。故人なのでかなわないが、聞いてみたかった。

もう一つ例を挙げよう。わが青春時代のアイドル松田聖子《まつだせいこ》の「秘密の花園」という大ヒット曲の歌詞に、「Moonlight magic　私のことを　口説きたいなら　三日月の夜」というフレーズがある。これは月の運行を知るとなかなか興味深い。新月の月はほぼ太陽の方向にあり、一日ごとに月の運行は五〇分ほど遅れる。ということは、三日月（新月から三日目の月）は太陽から遅れて二時間とたたないうちに沈んでしまう。

単なる歌詞の間違いと断ぜず、さまざまな仮説を立ててみよう。この歌詞の女性は真夜中に呼び出されていることがその前に歌詞でわかっている。ということは……夜に三日月が見える時間はほとんどない。すなわち、口説くのは無理、という意味か、などと考える。しかし、後半の歌詞でこの男女は良いムードになっている。この女性は夜はすぐに眠くなっちゃう早く就寝する女の子なのでは？　だから、「夕方に告白してくれたらいいのに、真夜中に呼び出すなんて、眠くてしょうがないじゃない」ということか！　などと楽しい妄想にふけるのである。

月の模様の向き

ここで、今一度月の模様について考えてみたい。模様がなぜついているかはこの後すぐ説明するので、しばしお待ちいただくとして、ここで確認しておきたいのは模様の向きである。というのは、テレビドラマに出てくる月が、日本が舞台なのに、しばしば南半球で見える逆さまの月になっていることがあるからである。

図5の月は北半球に住む人が南の空に見る満月の模様である。南半球では、月は北の空を通ることになり、月の模様も逆さまに見える。これは、地球儀の上に人形を置いたと想像してみるとわかりやすい。日本の位置に人形を置く。次に地球の赤道上空に月を置いてみる。月や地球はそのままで、人形をオーストラリアに置いてみる。この人形から見ると、月の模様が日本と逆に見えることがおわかりいただけるだろうか。

ではなぜテレビドラマに出てくる月が逆さまなのか。それは天体望遠鏡で覗いた月が逆さまになるからだろう。そうならないように補正してある望遠鏡もあるが、通常のシンプルな構造の望遠鏡では、像が逆さまに見える。理科の授業で顕微鏡を使ったことがある方は、顕微鏡で観察している試料を下にずらすと、顕微鏡の試料の像が逆に上にずれたことを覚えていらっしゃるかもしれない。これと同じ仕組みである。

ドラマで逆転の月が登場する一つの原因は、天体望遠鏡で撮影された逆転画像をそのまま使ってしまっているということだろう。もう一つの原因として考えられるのは、本に載っている月面図が逆転画像の場合がかつて多かったことである。月面図は天体望遠鏡を覗きながら使うことを想定しているものが多いので、天体望遠鏡で見たものとそのまま比べられるように、本にも逆転した図を載せてあることがほとんどだった。

「かつて」と書いたのは、最近の本では、逆転した図はほとんど見なくなり、肉眼で見た向きの月面図が載るようになったからである。これは、デジタルカメラの普及のせいかと想像している。天体望遠鏡にデジタルカメラをつける場合は、デジタルカメラを上下逆さまにつけるだけで肉眼で見た月と同じ像を撮影することができる。フィルムの時代と違って現像を待たずに拡大撮影した画像と肉眼で見る月を見比べることができるので、見た目の向きで撮影する人が増えたのだと思う。また、最近の高倍率のデジタルカメラを使えば、望遠鏡がなくても月を大きく撮影することができる。望遠鏡を覗きながら月を観察する人が減ったせい……とは寂しいのであまり考えたくないものである。

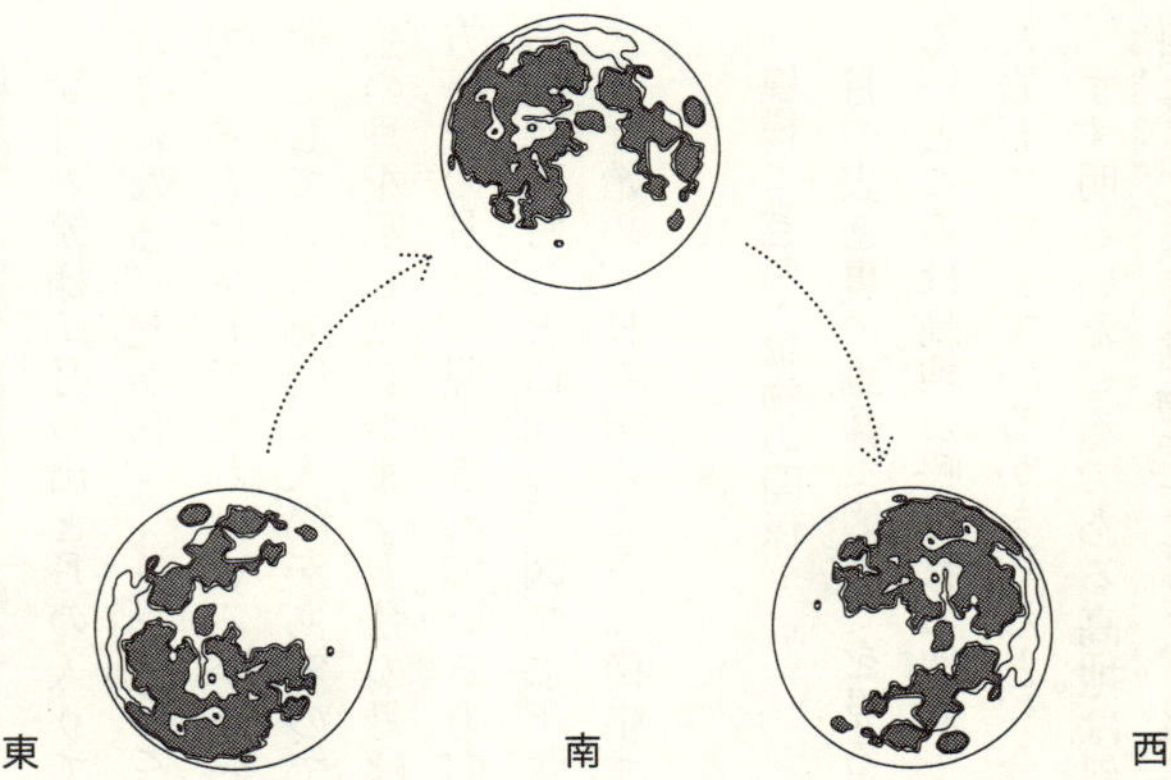

図8　月の向きの変化

話はもう少し複雑になるが、昇ってくる月と沈む月の向きも変わっている。地球儀に載っている人形を想像すればわかるが、これは、北半球から見る月と南半球から見る月の差を考えるよりも、難易度がかなり高いので、がんばって想像してほしい。答えは、図8のようになる。北半球で、東の水平線から昇ってきたばかりの月、南中している月、西の水平線にこれから沈もうとしている月、それぞれの模様を並べてみた。ウサギが餅をついているように見えるのは、東から昇りつつある月であることがわかる。

上弦の月、下弦の月という名称も、著者は最初はさっぱり覚えられなかったが、月の運行が頭に入ると、覚えておかなくてもわかるようになる。一つだけ覚えておかねばならないのは、上弦や下弦と呼ぶのは、半月を弓に見立てて、その月が

「沈む時」に弦の部分が上にある（上弦）か下にある（下弦）かで決まる、ということだけだ。

満月の模様が月の出と月の入りで逆になるように、半月の弦の上下も月の出と月の入りでは逆になる。だから、「沈む時」ということだけは覚えておかねばならない。でもそれだけで、あとは少し考えればいろいろわかる。上弦の月は沈むときに下半分が明るい月だ。月を照らしている方向に太陽があるので、太陽は月に先駆けて沈んでいることになる。図7に上弦の月を示した。つまり上弦の月は太陽が沈んだころには南中していて、真夜中に沈む。一方下弦の月は、照らされている方向に太陽があるということは、すなわちまだ太陽が出ている間に沈むことになる。図7に下弦の月の位置も示した。太陽に先行して動いていて真夜中に昇り始め、日の出のころに南中する。

模様と岩石・鉱物の関係

月の表と裏の画像（図5）を見ると、明るいところと暗いところがあることに気づく。明るいところは高地と呼ばれる地域で、暗いところは海と呼ばれる地域である。それぞれどんな岩石でできているかを知ると、今度見る月も格別なものに見えることだろう。

まず明るいところである高地は斜長岩《しゃちょうがん》という岩石でできている。この岩石はほとんどが斜長石《しゃちょうせき》という鉱物でできている。斜長石は身近なところで観察できる。図9は花崗岩《かこう》という岩石だが、ごらんになった記憶はないだろうか。この花崗岩の最も白い鉱物が斜長石である。

花崗岩は建材によく使われていて、百貨店の壁や床に見ることができる。化粧品や婦人服売り場のフロアや高級感のあるトイレでもよく目にする。また墓石も多くが花崗岩だ。御影《みかげ》石とも呼ばれるが、御影とは神戸市にある地名で、良質の花崗岩の産地である。もともとブランド花崗岩の名前だったものが一般化したと考えられる。

図９　玄武岩（左）と花崗岩（右）

花崗岩はガーデニングにも使われるので、ホームセンターでブロック状のものを数百円で購入することもできる。今度花崗岩を目にすることがあったら、このなかの白い鉱物、斜長石をじっくり観察していただきたい。

斜長石の化学組成には場所によって多様性があり、$NaAlSi_3O_8$ と $CaAl_2Si_2O_8$ とを混ぜた組成である。混ざっている比率は地域によって異なる。化学式を覚える必要はないが、後にも登場するので、斜長石にAl（アルミニウム)、Si(ケイ素)、O(酸素)が入っていることは、記憶しておいてほしい。

この白い鉱物が集まった斜長岩は月の地殻を形成している。このことがわかったのはアポロ計画で岩石が持ち帰られたからであった。なぜこのようなほとんど一種類の鉱物でできた岩石で地殻がつくられたのか。アポロ時代の科学者は「マグマの海仮説」というモデルを考え付いた。

もともと月は四〇〇キロメートル以上の深さのマグマの海に覆われていたというのである。マグマからはまずは鉄やマグネシウムを含む鉱物が結晶化して出てくるが、マグマより重いのでマグマの海の深くに沈んでいく。そのうちに、マグマはアルミニウムやケイ素の成分が多くなって、斜長石を結晶し始める。斜長石は　マグマよりやや軽いのでマグマの中から浮かび上がって斜長岩地殻をつくったと考えた。

次に、暗い海の説明をしよう。この部分は玄武岩(図9)という岩石でできている。二〇一八年のキラウエア火山の噴火の時にはニュースでよくハワイ島に真っ赤な溶岩が噴出している映像が見られた。あの、赤くドロドロと流れる溶岩が固まると玄武岩という黒い岩石になる。

玄武岩には斜長石と輝石という鉱物がおおよそ半々の割合で入っている。斜長石は先の斜長岩の主要鉱物であるが、玄武岩にも量は少なくなるものの主要鉱物として入っている。ただし、花崗岩は地下で結晶がゆっくりと成長して大きくなっているのに比べ、玄武岩はマグマが地表に出てすぐに冷えて固まるので、白い斜長石は小さすぎて肉眼では見えず、全体として黒っぽい岩石に見える。玄武岩のもう一つの主要鉱物である輝石は、鉄やマグネシウムを含む鉱物で、化学式で書くと、(Fe, Mg, Ca) SiO_3 となる。カッコの中の、Fe（鉄）、Mg（マグネシウム）、Ca（カルシウム）の割合はいろいろ変わるけれども、足すと一になるような割合で入っている。なお、Caの量は、〇・五よりも小さい。輝石も化学式を覚える必要はないが、鉄やマグネシウムや酸素を含むことは後の話につながるので、ここで確認しておいていただきたい。

マグマと溶岩の違いをここで少し説明しておく。岩石は高温になると溶けて液体になるが、地下にこの溶けた岩石があるとき、それをマグマと言う。英語でも magma（マグマ）だ。一方で、地表に出ると溶岩と呼ばれる。溶岩はややこしくて、地表を流れる溶けた岩石も溶岩だが、それが固まった岩石も溶岩と呼ぶ。英語では lava（ラバ）だ。マグマの海は地表にあるので溶岩と言いそうだが、天体を覆う大規模なものはなぜだかマグマと呼んでいる。

月の海の部分をよく見ると円形の組み合わせでできていることに気づく。実は海はかつての巨大隕石《いんせき》の衝突でできた直径数百キロメートルを超える巨大隕石孔を溶岩が満たしたものなのである。図10に高地と海のでき方をまとめた。こう説明すると、隕石孔ができた衝撃で

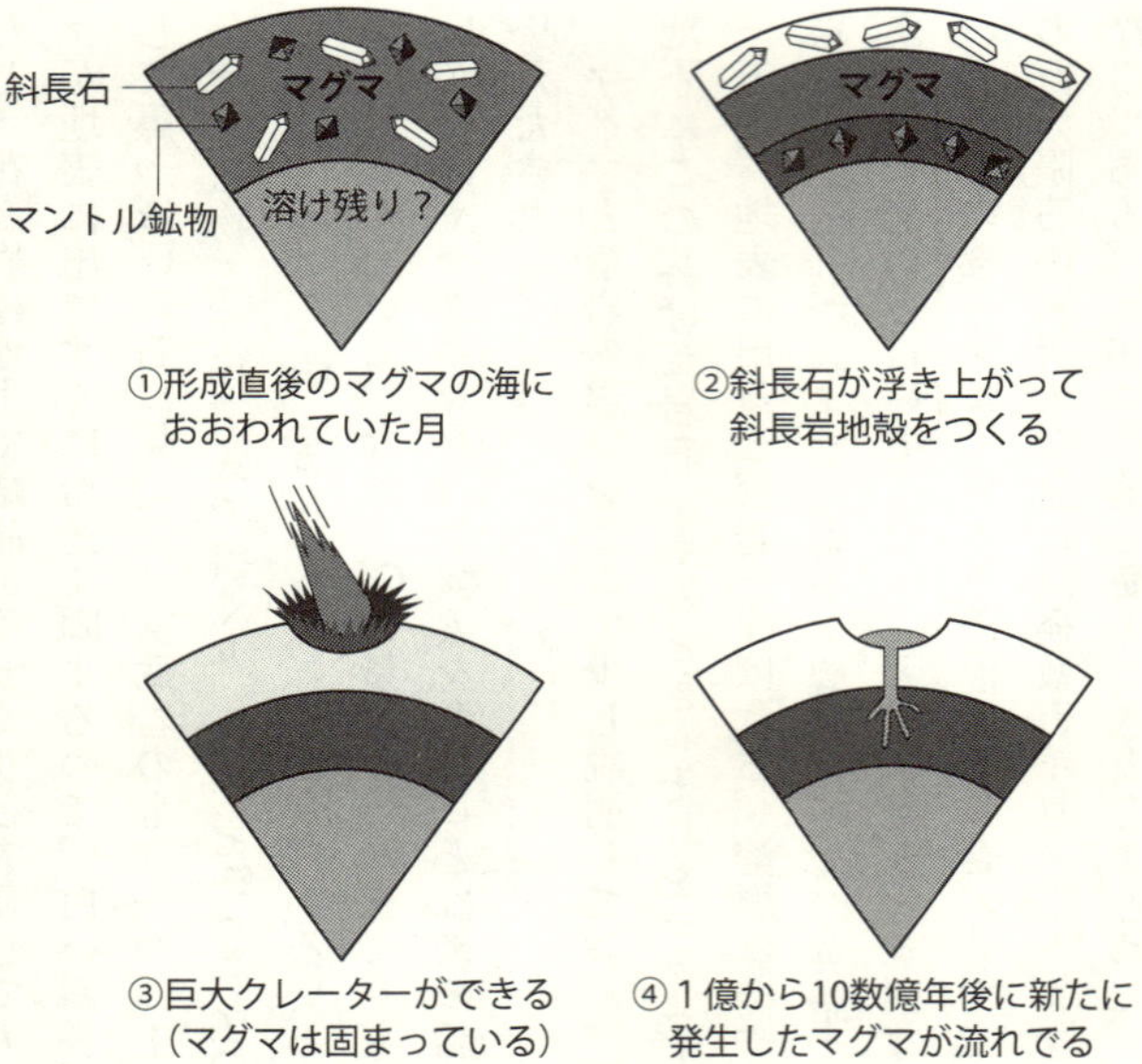

斜長石
マグマ
マントル鉱物
溶け残り？
①形成直後のマグマの海におおわれていた月
マグマ
②斜長石が浮き上がって斜長岩地殻をつくる
③巨大クレーターができる（マグマは固まっている）
④1億から10数億年後に新たに発生したマグマが流れでる

図10　マグマの海仮説に基づく月の高地と海のでき方

地下から溶岩が出てきたと考えられるかもしれないが、アポロ計画で地球に持ち帰った岩石の固まった年代を、含まれている放射性物質の量から推測したところ、隕石孔ができてから一億年から十数億年もたった後で溶岩が噴出したことがわかった。

なぜそんなに遅れて溶岩が噴き出したかというと、その噴出した時期に地下でマグマができたからである。斜長岩地殻ができた後は、マグマは深いところまで一度冷えて固まったと考えられている。固まった岩石にはウランやトリウムといった放射性物質が含まれており、それらが放射線を出し別の原子核へ変化するときの放射線のエネルギーで周りの岩石を温める。その熱がこもってきて、ずいぶん後になってもう一度地下にマグマが発生し、それが出てきたと考えられている。

今度満月を見上げる時には、白い部分は「高地」と言い、白い斜長岩でできていて、できたての月は真っ白だったこと。黒い部分は「海」と言って、かつては巨大隕石孔を真っ赤な溶岩が満たし、それが固まった黒い玄武岩でできていることを想像していただきたい。

日食と月食

日食と月食は地球と太陽と月の位置関係が作り出す現象である。

まず、日食とは太陽の前に月が来て太陽が欠けて見える現象である。そのため地球のどこでも見えるとは限らない。月の影が地球に落ちているところだけで見える。地球から見た時の月と太陽の大きさはほぼ同じだが、時期によって、太陽の方が少し大きく見えたり、月の方が少し大きく見えたりする。

これは、地球を回る月の軌道や太陽を回る地球の軌道が、真円ではなく楕円なので、距離が近づいたり離れたりするからである。なお、地球と月の距離が近い時に大きく見える満月はスーパームーンと呼ぶ。

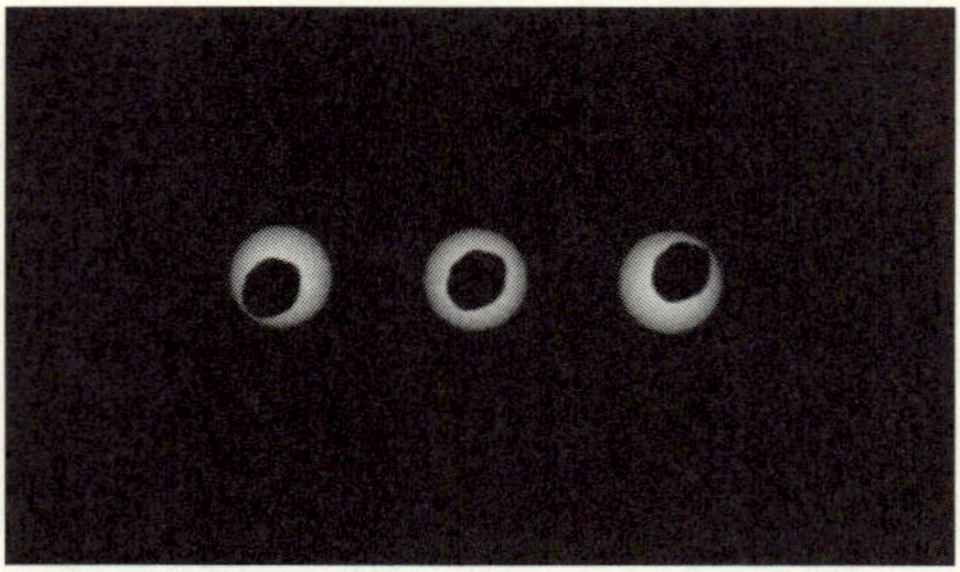

図11　火星の日食
火星の衛星フォボスが太陽の前を横切るところの連続写真。NASAの無人火星探査車キュリオシティによって2013年に撮影された（*NASA/JPL-Caltech/Malin Space Science Systems/Texas A&M Univ.*）

月と太陽が完全に重なる日食の時に、太陽の方が少し大きくて太陽がリング状に少しはみ出す日食を金環《きんかん》日食と言い、逆に月の方が少し大きくて太陽がすべて隠れてしまう日食を皆既《かいき》日食と言う。なお、月と太陽の見た目の大きさがおおよそ同じなのは偶然で、月は年間約三センチメートルずつ地球から離れているので、数億年もすれば、太陽を完全に隠すことはできなくなってしまう。

日食に関連するとても面白い写真を紹介したい。図11は火星探査車キュリオシティがとらえた火星の衛星フォボスによる日食である。フォボスの大きさは長いところで二七キロメートルしかないので自らを球体にするほどの重力がなく、ジャガイモのような形をしている。地球の日食の独特さが改めて実感される。

なお、金環日食や皆既日食が見えているのは、月の影の中心付近にいる人だけで、その周りの部分では部分日食になっていたり、さらに離れると日食になっていない地域が同時に存在する。また、月が太陽の前に来るわけなので、新月の時に限って起こる現象である。

次に月食であるが、これは地球の影が月に落ちることで、月が欠けて見える現象である。月食の時にはそもそも月に太陽光が当たらなくなるわけなので、全世界同時に欠けた月が見える。部分的に欠けているように見える状態を部分月食と呼び、月が地球の影に完全に入っている状態を皆既月食と呼ぶ。

皆既月食の時にも月は見えている。それは、地球の大気を通って屈折して曲がった光が地球の影に入った月を少し照らすからである。地球の大気を通過した太陽光線は、青い色の光が散乱されて、赤っぽい光だけが残る。夕日が赤いのも同じ理由だ。大気の層を斜めに差し込む夕日の光は、大気を通過する距離が真昼の太陽光よりも長くなるので赤くなる。このように赤黒く見える皆既月食中の月をブラッドムーン（血の色の月）と呼ぶ。

余談だが、月探査をするときには、月食の予定に注意しておかねばならない。それは、月食の間、探査機の太陽電池パネルに太陽が当たらなくなり発電ができなくなるからである。さらに着陸機の場合は、着陸機周辺の地面が急激に冷えていくことを意味している。予期せず月食に遭遇すれば、その間は観測運用ができなくなるだけでなく、過剰冷却によって探査機そのものが壊れてしまう可能性もあるのだ。

第1章 月の科学

いよいよ、見かけだけでなく天体としての月に注目してみよう。アポロ探査以降、科学的な研究によって、月という天体の本当の姿が明らかになってきた。大気のない月面は、小惑星探査機「はやぶさ」が行ったイトカワや「はやぶさ２」が行ったリュウグウにも通じる、独特な表面を持っている。

本章では、月の表面がどのように形成され、その後にどのような変化が起きているか、そもそも月はどうやってできたのか、月面にはどんな風景が広がっているかなど、学校では習わなかった月の真実を紹介しよう。

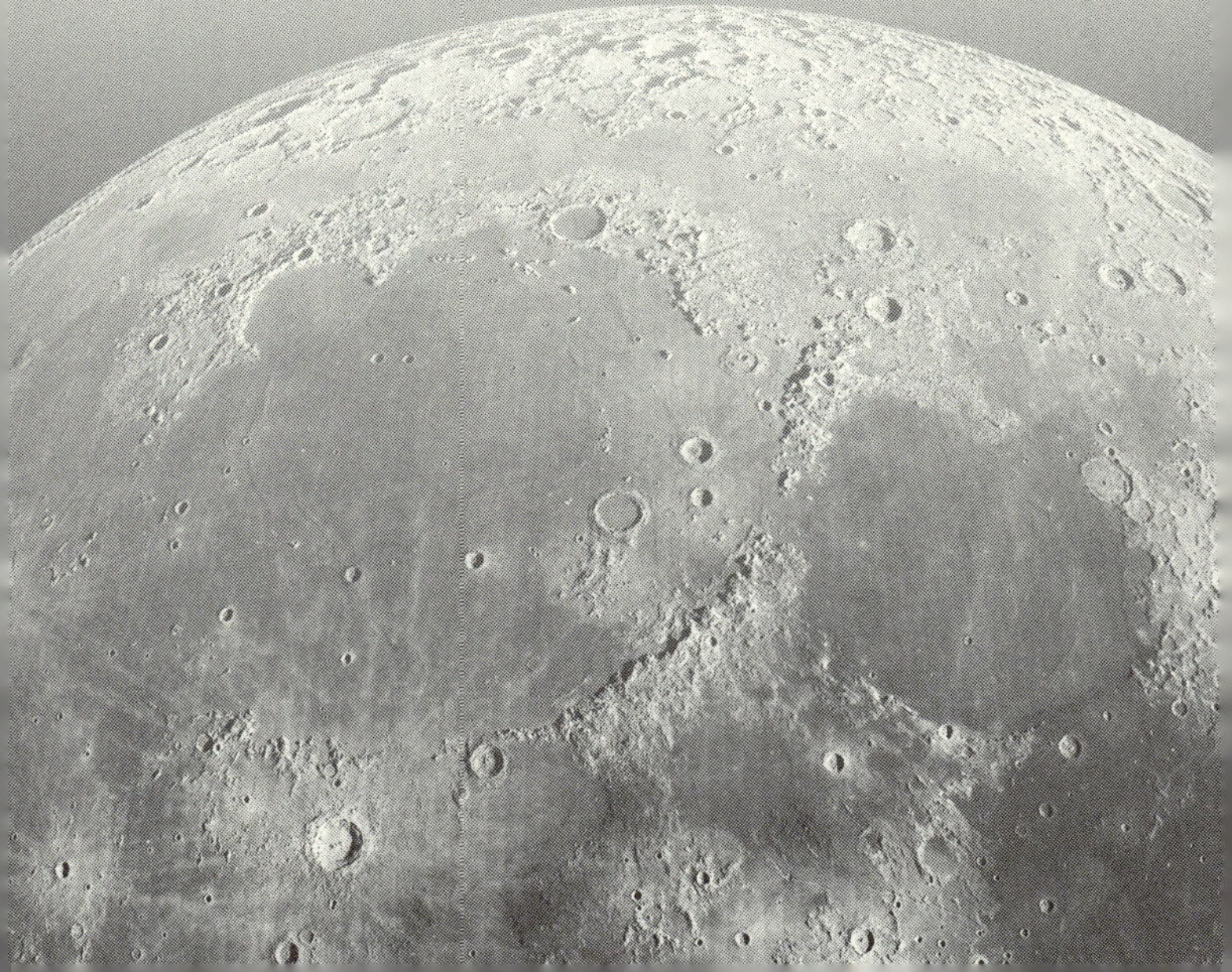

そもそも月はどうやってできたのか

そもそも月はなぜそこにあるのだろうか。月の起源には、地球との関係から主に、兄弟説、親子説、他人説、巨大衝突《ジャイアントインパクト》説と名づけられた四つの説がある（図12）。

兄弟説というのは、月が地球の隣で同時にできたとする説である。地球は直径一〇キロメートル程度の小天体が集合してできたと考えられているが、同じように月も地球の隣で同じ材料を小規模に集めてできたという説だ。この場合、材料が同じなので、地球と月の密度はおおよそ同じになるはずだが、地球の密度は五・五一グラム毎立方センチメートル、月の密度は三・三四グラム毎立方センチメートルと、月の方がずいぶんと小さい。そのため、この説は、あまり信じられていない。

親子説というのは、かつて地球の自転が不安定な時期があり、地球の表面がちぎれて飛び出して月ができたとする説である。つまり、親は地球で子は月ということだ。そもそも月を飛び出させるほどの自転不安定があり得るかということは大きな論点である。しかし、兄弟説で疑問視されている密度の問題はうまく説明できる。地球は重い鉄が中心部に沈んで核を

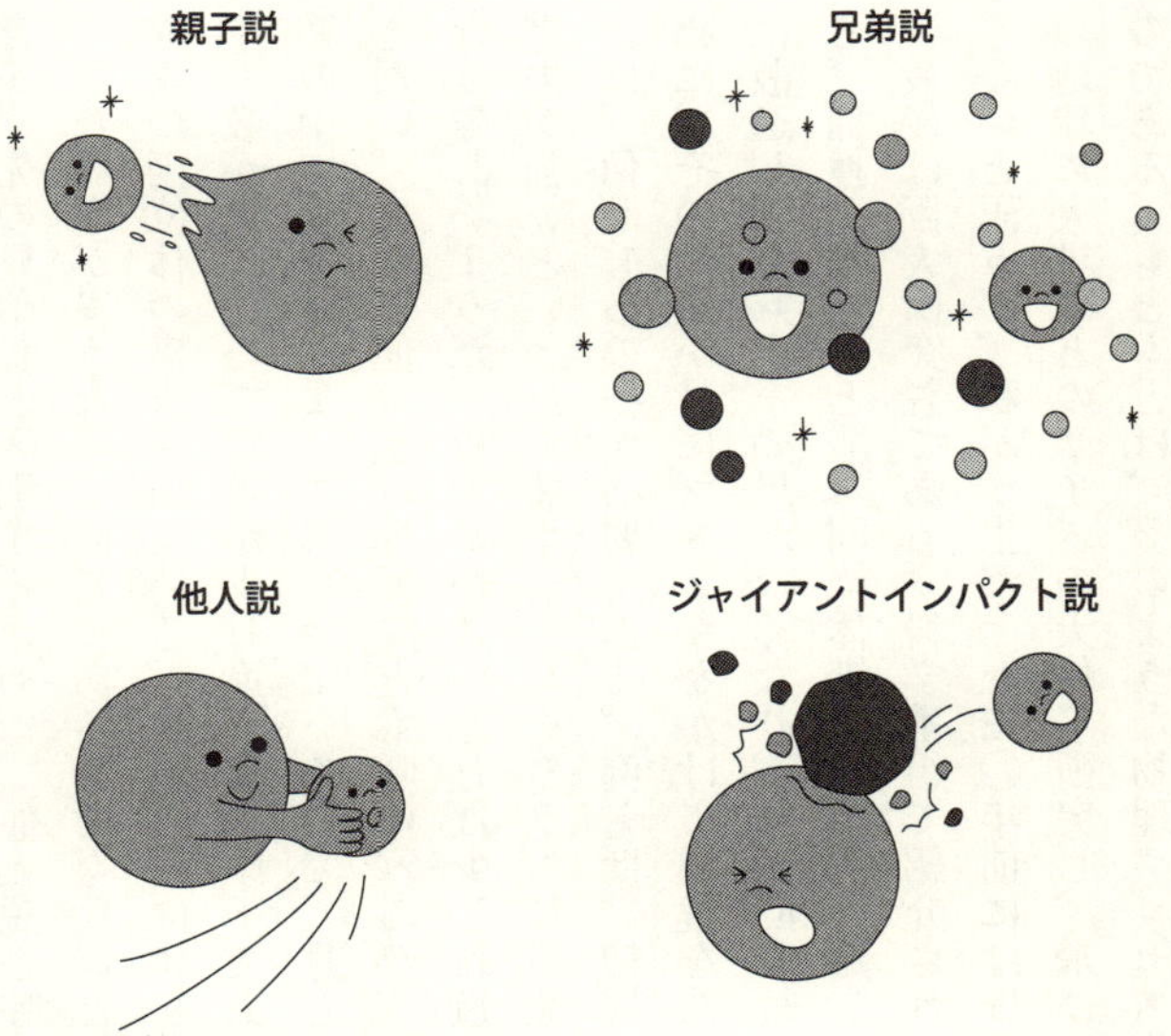

図12　月の起源

つくっているが、その後で地球のマントルや地殻の部分がちぎれたと考えると、ちょうど月の密度や化学組成とつじつまが合うような原材料なのである。今はあり得ないと思われている説であるが、将来、自転の不安定が起きる仕組みが提案されれば再び有力視されることもあるかもしれない。

他人説というのは、月がどこかから飛んで来て、地球の重力に引かれて捕まったとする説である。生まれた場所が違うので他人というわけである。場所が違うとはいえ、太陽系内部のことだろうから、どこでできようと実際は太陽系の兄弟になるのだが、先の兄弟説と区別するために、他人説と呼ばれている。月と地球の密度が違うのは、できた場所が違うなら、同じである必要もないということで説明はつく。ただ、月と地球は酸素の同位体の構成が似ている。酸素の同位体というのは、同じ酸素原子でも含まれる中性子の数が違っていて質量が少し違う酸素原子である。質量の異なる酸素同位体の比率は太陽系の中でも場所によって異なっているので、月と地球が遠く離れた場所でできたようには見えない。また、他人説は捕獲説とも呼ばれるが、地球が月をうまく重力で捕獲することはかなり難しいようだ。重力が小さいと月は少し軌道を曲げられるだけで通り過ぎてしまうし、重力が強いといったん捕まえてもそのうち月が地球に落下してしまう。うまく捕獲するためには、何かしらの技が必要である。例えば、初期の地球の周りには濃い原始大気があったために、その大気が月にブレーキをかけて捕獲を助け、捕獲後まもなく大気のほとんどが宇宙に散逸してブレーキ効果がなくなり、月が回り続けるようになったなどというアイデアがある。捕獲の難しさと酸素同位体構成の説明の難しさから、この説もあまり信じられていない。

最後は巨大衝突説である。科学番組で紹介される月の起源はほぼこの説なのでご存じの方も多いと思うが、私が学生だった三〇年前にはほとんど聞かない説だった。この説は、初期の地球に火星ほどのサイズの天体が衝突し、飛び出した破片が集合して月になったというものである。もともとは、そのような物理プロセスそのものが難しいと考えられていた。ところが、一九九〇年代後半に惑星科学者の井田《いだ》茂《しげる》氏や小久保《こくぼ》英一郎《えいいちろう》氏らによって、適切な角度で衝突させると破片を集めて月をつくることができるというコンピューターシミュレーション結果が発表されて以後、急速に人気を集めた。

巨大衝突説は「マグマの海仮説」をうまく説明できるという長所があった。マグマの海仮説は先に述べた斜長岩地殻を説明するためには不可欠な説であるが、月のようなサイズの天体では、微惑星の集積時の運動エネルギーを使っても、放射性物質の崩壊熱を使っても、なかなか四〇〇キロメートルもの深さのマグマの海をつくるほどの熱を発生させることが難しかったのだ。しかし、巨大衝突説であれば、衝突の結果発生する熱で、天体表面を大規模に溶かすことができる。

ただし、巨大衝突説にも解決せねばならない疑問がある。地球にぶつかったとされる巨大な天体には、ティアというギリシャ神話の月の神セレーネの母親の名前がついているが、ぶつかって飛び散る破片のほとんどは、地球の物質ではなく、このティアの破片になりそうなのだ。本当は、地球のマントルから浅い部分だけを吹き飛ばして集めてくれれば、月全体の密度や化学組成、そして月の酸素同位体構成が地球と似ていることも説明がつくのであるが、遠くから来たティアの物質が月をつくったということになると、原材料が地球の一部のように見えるのは偶然ということになってしまう。月となる破片がマグマの海に覆われた地球の周りを回っているうちに、化学組成が均質化していくという仮説もあるが、まだまだすべての謎をすっきりと説明する説はできていない。衝突を一回ではなく複数回に分けるとか、テイアそのものを地球の近くで集積させた後で衝突させるなど、さまざまなモデル修正も試みられている。

いずれにしても、月や地球の形成初期に大規模な衝突現象が何らかの影響を与えているということはありそうである。火星の北半球の標高が低いのは、北半球の表層が巨大衝突で吹き飛ばされたためと考えられているし、水星の核が異常に大きいのは巨大衝突で水星の表層部がごっそりとなくなったせいだという説がある。巨大衝突は太陽系の惑星の誕生初期にはありふれた現象だったと考えてもよさそうである。

レゴリスで覆われた月面

高地も海も、できた時は岩石の塊であったはずである。しかし、今は、細かな砂で覆われている。図13はアポロ宇宙飛行士が月面につけた足跡の写真である。砂浜でもこんなにくっきりとは足跡はつくまい。月の砂は砂浜の砂よりもずっと細かく、平均の粒の直径は〇・一ミリメートル以下である。小麦粉と同程度の粒のサイズと考えて良い。

月には大気がないので、一ミリメートルよりも小さな隕石でも大気で減速することなく、秒速一〇キロメートル以上の速度で落ちてくる。月面の岩石は大小の隕石に砕かれて粉々になっていき、そのうちに細かな砂になる。この月面の砂をレゴリスと呼ぶ。

このレゴリスは少々やっかいな物質で、月面活動をしていると、宇宙服や観測機器に静電気でくっついてくる。図14はレゴリスで汚れた宇宙服を着た宇宙飛行士である。レゴリスは

図13　人類初の月面着陸の時に宇宙飛行士が月面につけた足跡（NASA）

図14　レゴリスで汚れたアポロ17号ハリソン・シュミット宇宙飛行士の宇宙服（NASA/Eugene A. Cernan）

家にあるような綿埃ではなく、岩石の粒なので、機械の歯車に入って回転を妨げる可能性があるし、カメラのレンズなどについた場合、拭き取るとレンズに傷をつけてしまう。眼に入ったらものすごく痛い。月がレゴリスで覆われていることは、実は人類が行く前から想定されていた。それは、月の見え方からである。

ヒントは、「月」という歌にあった。こんな歌詞である。

出た出た月が　まるいまるいまんまるい　盆のような月が

この歌は文部省唱歌と言って、文部省、現在の文部科学省が、明治後期から昭和初期に小学校の音楽教育用に作った歌である。その後も、長らく幼稚園や小学校の音楽の時間で歌われており、著者も幼稚園のころから習って歌っていた。最近は学校で歌われておらず、若い世代には知られていないようだ。

それはともかく、幼稚園のころから私はこの歌が大嫌いだった。アポロ計画で人類が月に着陸したのは一九六九年で、私が二歳の時だった。当時は子ども向けの本にまでアポロ計画の様子が詳しく解説されていたので、幼稚園児の私も月が球体であることを知っていた。そして、こう思ったのである。

「盆のような月だって。それじゃあ学芸会のために幼稚園の先生が段ボール紙で作った月みたい。なんてつまらない見方をしているんだ」

こう思ったことは、実は大人になるころには忘れていたのだが、月周回衛星「かぐや」の地形・地質カメラの開発メンバーになった時に、衝撃をもって思い出すことになった。

私はもともと隕石を切断して電子顕微鏡で観察したり、小さな鉱物の化学組成を測定したりすることを専門としていたので、「かぐや」のように、月の上空からカメラで画像を撮影して、その画像を分析するという手法の研究はやったことがなかった。そこで、月惑星探査のさまざまな論文を読みながら、大学の屋上に望遠鏡を担ぎ上げて撮影した月画像をコンピューターで解析しつつ、勉強をしていた。

そしてとある論文の中にこのような文を見つけたのである。「月は、表面の特性によって平板な円盤（flat disk）に見える」。この文を読んだ瞬間に、文部省唱歌「月」を突然に思い出したのである。文部省唱歌の作詞者は不詳ということになっているが、もちろん、天体の光観測の論文を読んだはずはない。おそらく、純粋に月を見て「お盆に見える」と思ったのだろう。それに引き換え、自分は月が球体であるという先入観から、きちんと月を見ることもできていなかったのか……不詳の作詞者の観察眼への敬服、自分の浅はかさへの恥じらい、何気ない観察に科学の本質が隠されていたことへの驚き、さまざまな感情が一度に湧き上がってしばらく茫然としてしまった。

盆に見える秘密はこうである。まずは下敷きのような平面を考えていただきたい。この下敷きの表面がつるっとなめらかだと、下敷きに当たった光は、ほとんどは、鏡で反射するような決まった角度に反射して進む。光が反射する方向から見ると、この平面はぴかっと光って見えるが、それ以外の角度から見ると暗く見える。一方で、この平面が砂地のように荒れていると、入射した光は四方八方に散乱されて跳ね返るので、この平面をどの角度から見ても、同じような明るさに見える。このような平面を拡散反射面という。

月はレゴリスという粉体に覆われているので、月面は拡散反射面の性質を持っているのだ。光を当てる物体が球体だとどうなるだろうか。盆のように見えるのは、「まんまるい」月、すなわち満月である。満月の状態というのは、「菜の花や……」の俳句のとおり、太陽・地球・月がほぼ一直線に並んでいる状態で、太陽の光が月に差し込む方向と、我々が月を見る視線の方向がほとんど同じである。この時、月面がつやつやピカピカの滑らかな平面であった場合は、中心付近は光がまっすぐ跳ね返って明るく見えるが、満月の周辺部では、光は、地球方向ではなく、宇宙方向に跳ね返っていく。そうすると、満月は中心が明るく、周辺は暗い球体のように見える。一方で現実の月は、レゴリスで覆われているために、月面が太陽光線に対してどういう角度になっていても、同じような明るさに見える。そのために、実際の満月の中心と周辺部は同じ明るさに見えて、まるで盆のように見えるのだ。

異常に明るい満月

レゴリスという粉体に覆われていることで、もう一つ重要な現象が起きる。それは、衝効果だ。衝効果とは、光源－対象物－観測者のなす角度が零度に近い時に対象物が異常に明るく見える現象のことである。

満月の夜は満月でない月夜よりも、明るいと思ったことはないだろうか。もちろん、明るく光っている面積が一番大きいから月夜のうちで満月の月夜が一番明るいのは当たり前なのだが、その明るさが想像以上と感じたことはないだろうか。

その感覚は正しいのだ。満月は半月に比べて二倍の面積が光っていることになる。では満月は半月に比べて二倍明るいかというと、そうではない。実は、満月から届く光は半月の八倍以上であることが知られている。

原理は簡単だ。図15は工事現場にあるようなコーンをびっしりと並べたCGである。上図は右の方から光を当てた様子で、下図は観測者の方から光を当てた様子である。上図の場合、影がたくさん見えているが、下図の場合は、影は観測者からは見えない裏側にあるので見えない。観測者が感じる明るさは、光が当たっている部分と影の部分の平均になるので、影が見えない下図の場合の方が明るくなる。

これが衝効果の原理である。実際の月面は、レゴリスや大小の岩石で覆われているが、どんなに小さな粒にも一つ一つ影がある。地球からだとその影の形を見ることはできないが、満月以外の時には、無数の影が月を暗くしているのだ。月を衛星軌道上から観測する時、その地域の明るさ、すなわちその地域の物質の反射率を手掛かりに月面の鉱物を推定することがある。この時には、太陽がどちらから照らしているか、観測衛星がどちらから観測しているか、という情報を使って、見かけの明るさを、物質固有の反射率に変換するという作業をやっている。

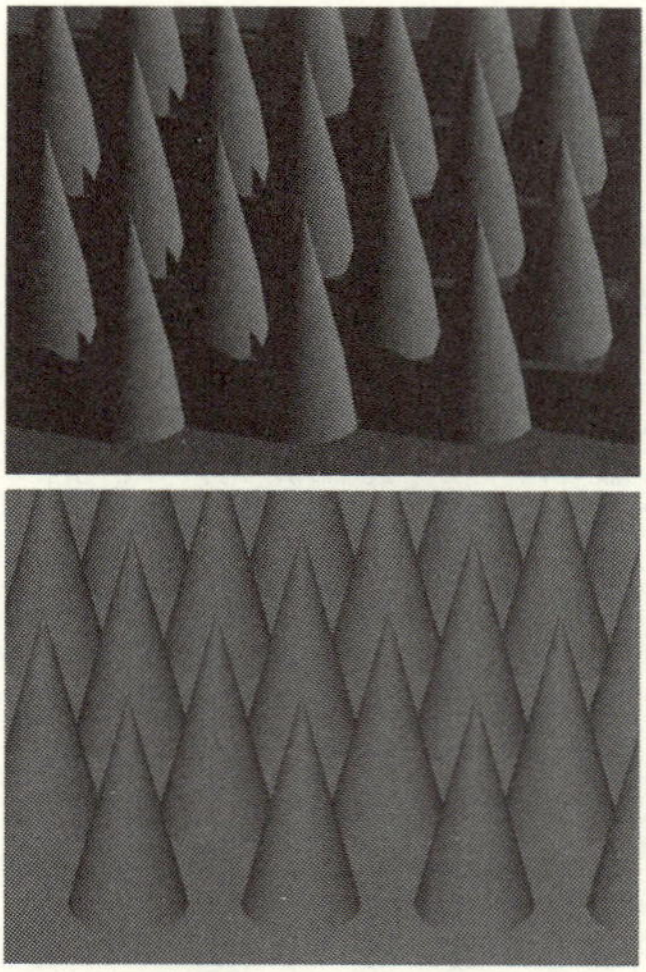

図15　衝効果
上は半月の状態、下は満月の状態

宇宙風化

月の拡大画像を見るときに、一部のクレーターから白い筋のようなものが放射状に伸びていることに気づく。この筋を光条もしくはレイと呼ぶ。図16に特に目立つティコクレーターのレイを示す。このレイは一度ここにあると頭に入れておけば、視力のいい人なら肉眼でも認識することができるだろう。

　レイのできる仕組みを考えたときに、浮かび上がってくる現象が宇宙風化である。レイはクレーターから四方八方に飛び出しているように見える。ということは、月の地下の物質はどうやら表面より白っぽく、隕石衝突で掘り返された地下の白っぽい岩石が周りにまき散らされて白い筋をつくっていると想像できる。

図16　ティコクレーターから伸びる光条（レイ）
撮影：鈴木邦彦教諭（桐蔭学園高校）

　しかし、そんな表面の薄い部分だけ別の岩石でできているとは考えにくい。ということは、どうやらもともとの岩石が、表面では赤黒く変化しているのではないか、と考えられる。

　月惑星の分光観測の理論的研究の先駆者であるブルース・ハプケ氏は、月面の鉱物の表面に不透明な粒子が含まれるようになると月面のような赤黒さが発生することを理論的に説明していた。そして、アポロが採集した岩石の表面に、数ナノ〜数十ナノメートルの鉄の粒があることが確認されたのである。ナノメートルとは、マイクロメートルの一〇〇〇分の一、ミリメートルの一〇〇万分の一のスケールなので、電子顕微鏡でなくては見えないサイズである。

このナノメートルサイズの鉄の粒は、宇宙風化でできたと考えられている。地球では風化とは、岩石が雨や風などにさらされて変質してぼろぼろになっていくことをさす。月には雨も降らず風も吹かないが、宇宙から降り注ぐ放射線や、一ミリメートルにも満たない微小な隕石の高速衝突によって岩石表面が変化していくことを宇宙風化と呼んでいる。宇宙で起こる風化はすべて宇宙風化と呼んでも良さそうであるが、現在のところは、大気のない天体で起こる放射線や微小隕石衝突による表面の変質のことに限って宇宙風化という言葉を使っている。

宇宙風化が最初に確認されたのは月の岩石であり、二番目に確認されたのは小惑星探査機「はやぶさ」が持ち帰った小惑星イトカワの鉱物粒の表面であった。実は「はやぶさ」がイトカワを探査するまで、小惑星には大きな謎があった。それは、地球に落ちてくる隕石の八割近くを占める「普通コンドライト」という種類の隕石と同じ色の小惑星が天体望遠鏡で探しても見当たらないという問題であった。ところが、イトカワから地球に持ち帰った試料によって、イトカワ本体は普通コンドライトでできており、表面が宇宙風化によって天体望遠鏡で見られる赤黒い別の色に変色していることが確認された。隕石の表面は大気圏突入時に加熱されて溶けてしまうので、宇宙風化は宇宙から持ち帰った試料にしか見られない。宇宙風化を実際の試料で確認できたのは、今のところ、月とイトカワだけである。

月に話をもどそう。月面も宇宙風化でだんだん赤黒く変色している。そこへ、隕石が衝突して、地下の新鮮な岩石の破片を周りに飛ばす。破片そのものや、破片が着陸して月面が新たに掘り起こされることによって、明るい筋ができてレイができるというわけだ。

しかし、大きなクレーターでもレイを持っていないものもある。それは、レイもまた宇宙風化で変色してそのうち周りと見分けがつかなくなるからである。レイが消えるのにかかる時間は約一〇億年と考えられている。一〇億年前というと、地球では化石に形が残るような生命が多数出現するカンブリア紀（約六億年前）よりもずっと古い時代となるが、月ではごく最近という感覚になる。

レイが目立つクレーターは特にできて間もないということを表している。コペルニクスクレーターは約八億年前、ティコクレーターは約一億年前にできたと考えられている。

今度月を見るときは、目を凝らしてレイが見えるかどうか試してみて欲しい。そして、月やイトカワから試料を持ち帰ったアポロ計画、ルナ計画や、「はやぶさ」の偉業にも思いを馳せていただきたい。

高地と海の風景

「かぐや」が撮影した月の風景を見てみよう。図17は高地の風景である。高地は最初の地殻が固まってから四六億年の間、隕石の衝突で掘り返され続けているので、ボコボコに荒れた地面となっている。「かぐや」は高度一〇〇キロメートルを飛んでいるが、我々がジェット旅客機で飛ぶときの高度は約一〇キロメートルほどなので、その一〇倍も高いところから眺めていることになる。そう考えると、高地の起伏は巨大な山岳地帯のそれと同じようなスケールを持っていることがわかる。

写真に見られるクレーターの深さは、二〇〇〇〜三〇〇〇メートルあるので、クレーターの縁の山は日本アルプス級の山々が連なっているのと同じようなものなのである。

一方、図18は海の風景である。海は高地ができた後、巨大衝突クレーターができ、さらにそのあとで溶岩が埋め立てた土地である。したがって、高地よりも若い土地であるため、大きな隕石衝突を受けた経験が高地に比べるとずっと少ない。また、液体の溶岩が満たした時代の滑らかな地形の名残をとどめている。その滑らかさは、地球から見てもある程度感じられるために、古くから海と呼ばれている。

これまでの月着陸探査のほとんどが海地域である。それは平地であるために着陸の難易度が低いからだ。二〇一九年一月に中国が嫦娥《じょうが》4号で世界で初めて月の裏側に着陸した。着

図17　かぐや搭載ハイビジョンカメラがとらえた月の高地
「地球の出」として有名になった映像。月の北極付近の高地の風景（JAXA/NHK）

図18　かぐや搭載ハイビジョンカメラがとらえた月の海
アポロ11号が着陸した静かの海の風景（JAXA/NHK）

陸したところは地域としては高地に分類されるところであるが、実際はフォン・カルマン・クレーターというクレーターの中を溶岩が広範囲に埋め立てたところを選んで降りている。海というほどの広さはないが、場所の特徴としては、海と同じようなところである。

しかし、海という偏った地質の地域ばかり選んで着陸していたのでは、月の地質の理解は進まない。今後、着陸技術の向上に伴って、積極的に高地に着陸する時代に突入するであろう。

第2章 月面の環境

月というフロンティアに旅立つ準備として、本章では、月で暮らすうえで知っておかねばならない、月面の環境について解説する。重力が地球より小さいことで生じる良いことややっかいなこと。大気がないことで生じる日なたと日陰の極端な温度差。さらに、宇宙放射線や隕石衝突の恐怖。月世界に立ち向かうための、あるいは活用するためのヒントがこの章にはある。

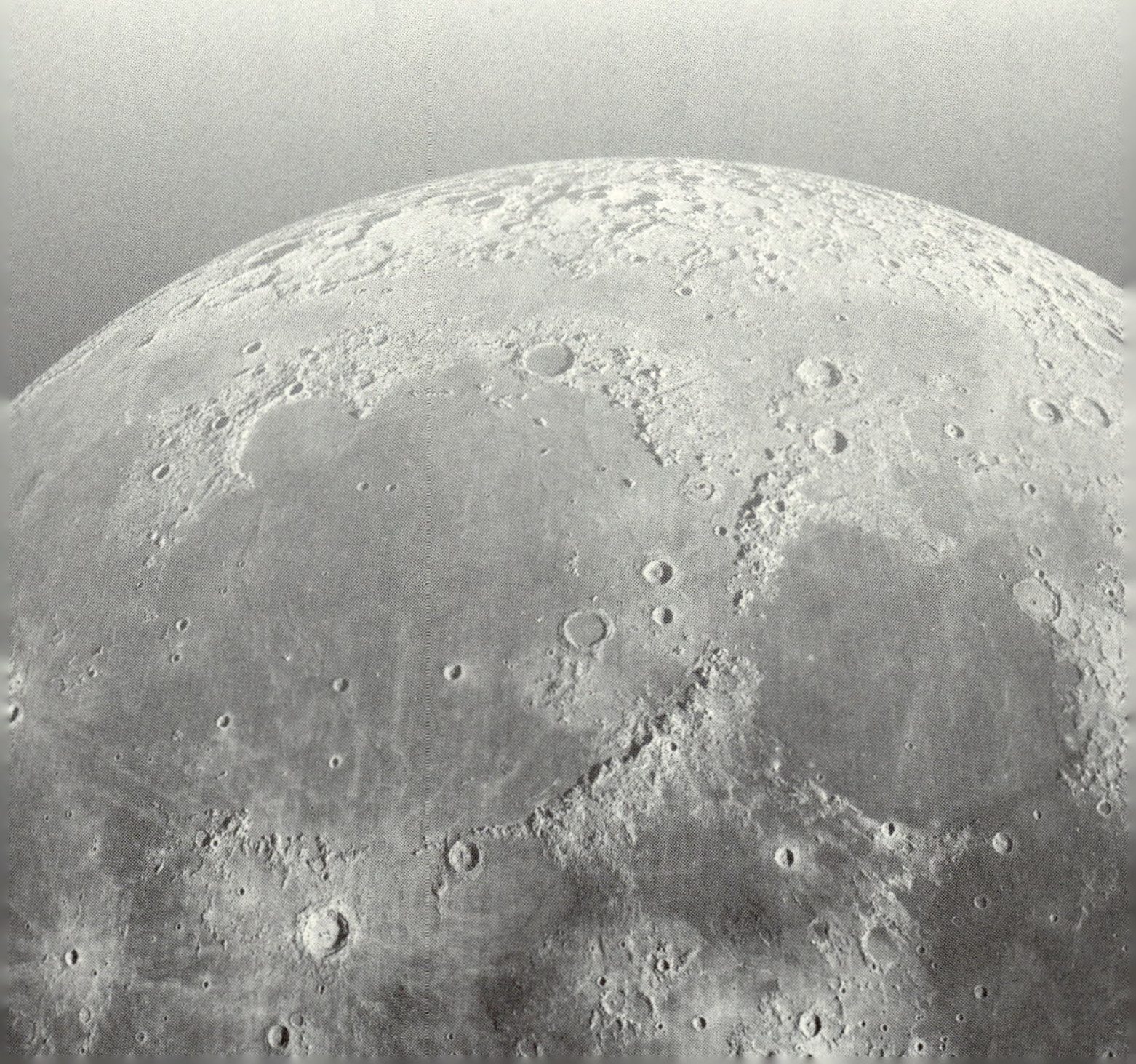

低重力の世界

月面での重力は地球の地面における重力の六分の一である。このことをもう少し具体的に理解しておこう。

まず、ジャンプするとどこまで跳べるか。宇宙服を着るとその分の重さが加わるので、ここでは、月面基地の中で宇宙服を着ていない状態を想像してみよう。月でもジャンプする脚力は同じであるので、地球上の六倍の高さまで跳べることになる。幅跳びの場合はどうなるだろうか。踏み切った瞬間の速度と向きが地球と一緒だとすると、跳んでいる間の最高点の高さはやはり地球の六倍だ。跳んでいる時間は地球の六倍になるので、跳べる幅も六倍に増える。

飛び降りた時の衝撃は着地の瞬間の速度で決まる。飛び降りる高さの位置エネルギーが運動エネルギーに変わって着地することを考えると、重力が六分の一ということは、六倍の高さから飛び降りた時の着地時と同じ速度となる。普通の人間だと一・五メートルくらいの段差が、ケガをせずに飛び降りるギリギリの高さだと思うが、これが九メートルくらいになるということだ。三階建ての家の屋根から飛び降りても大丈夫ということである。

重いものを綱で引っ張る場合はどうだろうか。引っ張る力は地球と同じでも、床を踏ん張る力は床と靴との摩擦による。摩擦の力は重力に比例するので、踏ん張る力は六分の一に減ってしまって、力を込めても足が滑ってしまうだろう。しかし、荷物も六分の一の力で滑るので、引っ張って運べる荷物の質量は変わらない。

タイヤがついた荷物を引っ張る場合は、地球にいる方が踏ん張れる分たくさん運べる。止まっているものを動かそうとする時に重いとなかなか動かないという慣性は、重力とは関係なく物体固有の質量による。だから月だと軽自動車くらいなら押して走らせられるかと思うのは間違いだ。スーパーマンになれるのは、重力に逆らう仕事をする時だけである。

ちょっとリラックスして月面スポーツでイメージしてみよう。野球の打球は六倍の高さと距離を飛んでホームラン続出。幅跳び、高跳びも六倍の記録。一方、相撲は足が滑って今一つ迫力不足。レスリングも寝技がなかなか決まらない。モータースポーツはタイヤのグリップが利かずすぐにコースアウト。月専用のルールあるいは新しいスポーツを開発する必要がありそうだ。

将来地球の富裕層は老後を重力の少ない月や火星で過ごすようになるかもしれない。ちなみに火星の重力は地球のおおよそ三分の一程である。重力が少ないと、膝関節や腰にかかる負担が減る。転倒の衝撃も少ないので、骨の強度が下がっていても骨折の危険が減る。もっとも低重力に身体が適応してしまうと、地球に里帰りすることは難しくなるだろう。

寒暖の差が激しい月面

月面には大気がないので、寒暖の差が激しい。例えば日中の日なたの地面は一二〇度Cであるのに対し、日陰の地面はマイナス八〇度Cという低温だ。地球は大気が熱を運んで平均化してくれているが、月面ではその効果が働かないので、このような極端な寒暖差ができる。日なたの地面では目玉焼きが焼けるほどの熱さなのに、日陰の地面は、あらゆるものが凍り付き、地球用の機械や装置はほとんどが動作不能になる極低温の世界なのである。

アポロ宇宙飛行士が月面で活動できたのには、宇宙服に秘密があった。宇宙服の中に水を循環させるパイプが仕込んであり、日が当たる側で温められた水が陰の側で冷えることで、寒暖の差を平均化していたのである。また、宇宙服の顔面のガラスも太陽からの光のほとんどを反射するようにできている。大気で弱められることなく降り注ぐ強い太陽光は、宇宙飛行士の目や顔を火傷させてしまうのである。

月の夜の寒さも厳しい。地面の温度はマイナス一七〇度C前後となる。月の夜は二週間も続くので、月に着陸した探査機は特別な保温対策をしないと、夜の間の低温環境で壊れてしまう。太陽が当たらないので太陽電池で発電して電気で暖めることもできない。いかに月の夜を乗り切るかという技術には特別な名前がついていて、「越夜技術」と呼ばれている。大切な装置をレゴリスに埋めたり、断熱材で囲ったりして、冷えにくくする技術や、電池の電力で暖める方法などが含まれる。原子力電池という、放射性物質を使った電池が最も効果が大きい越夜技術であるが、これは日本では使えない。このことについては、後で詳しく述べる。

隕石の恐怖

大気がない月面は寒暖の差以外にも大変なことがある。それは、隕石や放射線の飛来である。

隕石は月にも地球にも同じように降り注いでいる。引力の強い地球の方がやや多いはずだ。しかし、隕石でケガをしたり命を落とす危険性は月の方がはるかに大きい。

地球の場合、直径数十センチメートル以下の隕石は大気圏突入の際に燃え尽きてしまうと考えられている。「はやぶさ」が地球に帰還した時に、眩い閃光を上げながらバラバラになって燃え尽きていく映像が記憶に残っている方も多いだろう。なぜ大気があると熱くなるかというと、大気圏に突入する物体があまりにも高速で落下するために、物体の前面の空気をぎゅっと押し縮めるからである。自転車のタイヤに空気を入れると、空気入れのポンプが熱くなるのも同じ原理である。

もう少し楽しくこの現象を味わえる実験を紹介しよう。使うのは輪ゴム一本だけである。まず、輪ゴムをいきなり伸ばして唇に当ててみよう。輪ゴムがほんの少し暖かくなっているのがわかると思う。次に輪ゴムを伸ばしたままでしばらく保持して輪ゴムの温度が気温と同じになるのを待とう。そのあとで今度は輪ゴムの伸びをフッとゆるめて唇に当てていただきたい。今度は輪ゴムが冷たくなっているのを感じるはずだ。

輪ゴムを伸ばした時は、輪ゴムの断面積は縮まるので、輪ゴムの分子をぎゅっと圧縮したことになる。これは空気を圧縮したのと同じだ。この時ゴムの温度は高くなる。この状況を「外との熱の出入りなく物質を圧縮する」という意味で断熱圧縮と呼ぶ。輪ゴムの温度の変化はごくわずかであるが、人間の唇は感度が高いのでわずかな温度変化を感じることができる。

輪ゴムをゆるめた時には、輪ゴムの断面積が膨らむので、今度は断熱膨張という現象が起きて、輪ゴムの温度が下がる。一九八五年に東京発大阪行きのジェット旅客機の後部の圧力隔壁という客室の気圧を保つための壁が破れて尾翼を破壊し、機体が墜落して五二〇名の犠牲者を出すという痛ましい事故があった。当時、圧力隔壁が破れた瞬間に客室の気圧が下がって客室に霧が発生したという乗客の証言があった。当時のニュースで断熱膨張で気温が下がったということが説明されたが、これは大気圏突入で空気が加熱されることの裏返しの現象である。宇宙旅行の時代も、圧力隔壁の破壊は起こりうる恐ろしい事故である。その瞬間は、やはり霧が発生するのだろう。

地球の話が続いて恐縮だが、将来ケガをしないために、一つだけ地球隕石落下時の注意を加えたい。地球の場合、小さな隕石は大気で燃え尽きたり粉々に砕かれるし、大きな隕石は落ちてくる確率が低いので、隕石そのものに当たってケガをする確率は極めて低い。しかし、大気圏突入の衝撃波でケガをする危険性には注意したい。二〇一三年二月十五日にロシアのチェリャビンスクに隕石が落下した際には、大気圏突入で発生した衝撃波で建物のガラスが割れて、一五〇〇人近くの人々がケガをしたそうだ。流れ星も同じく隕石の大気圏突入によるものであるが、たいてい一秒と続かずに消えてしまう。しかし、チェリャビンスク隕石は推定直径一七メートルもあって、地上まで燃え尽きることなく落下した。

ピカッと光った花火や雷の音が遅れて聞こえるのと同じく、流れ星の姿は光の速さ、すなわち秒速三〇万キロメートルで目に伝わるが、衝撃波は音波なので、秒速三〇〇メートル程度で伝わる。地表に達する巨大な流れ星を見たら、音が聞こえる前に窓から離れるよう心がけることが大切である。このことは、近所で工場等が爆発したのを目撃した時も同じなので、覚えておいてほしい。

話を月面にもどす。月面では大気がないので、一ミリメートルにも満たない隕石でさえ、秒速一〇〜二〇キロメートルあるいはそれ以上のスピードで落ちてくる。ライフル銃の弾の速度が秒速一キロメートルらしいので、弾丸より小さな粒でも破壊力は弾丸を超えることがある。隕石はサイズが小さいほど落ちてくる頻度も高くなるので、小さな隕石を防ぐ大気のない月面はとても危険だ。

チェリャビンスク隕石のような大きめの隕石が落ちた時には、直接当たる危険性は少ないし、大気のない月面では衝撃波を心配することはないが、落下地点から吹き飛ばされてくる破片には注意したい。地球では爆発物の破片は空気抵抗で減速されるが、月では空気抵抗がないので、弾き飛ばされた時と同じ速度で地面に降り注ぐ。さらに怖いのは、大気がないと流れ星のように発光しないので、落ちてくることに全く気が付かないことだろう。将来、月面で長期活動をする際には、隕石探知用のレーダーを準備する必要がある。

放射線の恐怖

次に放射線についてお話ししよう。宇宙にはさまざまな放射線がある。発生源で種類分けすると、主に銀河放射線、太陽風の二種類である。銀河放射線は、我々のいる天の川銀河の中の超新星残骸からやってくる高エネルギーの粒子である。また、太陽風は太陽から放出されてくる電磁波や粒子である。

地球の地上の場合は、まず地球磁場が帯電した粒子線の多くを地球から逸《そ》らしてくれる。さらにそこを通り抜けてきた放射線も大気がその威力を減じてくれる。

地上と宇宙の放射線の強さを、人体への影響の程度で比較するシーベルトという単位で比べてみよう。数字が大きいほど被ばく量が多いという意味である。放射線医学総合研究所の資料「放射線被ばくの早見図」によると、地球では大気の影響で高度によって放射線の影響が異なり、地表付近では、一人あたりの年間線量は二・一ミリシーベルトということだ。図19は放射線医学総合研究所の資料に宇宙の情報を加筆したものである。

高度約四〇〇キロメートルを飛行する国際宇宙ステーションでは、一日当たりの線量がおよそ〇・五から一ミリシーベルトにもなる。国際宇宙ステーション搭乗宇宙飛行士放射線被ばく管理規定によると、例えば初めて宇宙飛行を行った年齢が三〇歳より若い宇宙飛行士では、生涯線量制限値を男性は六〇〇ミリシーベルト、女性は五〇〇ミリシーベルトに制限しているということである。これは、「寄与がん死亡率」すなわち生涯にわたってがんで死亡する確率の放射線被ばくによる増加分が三パーセントを超えないように設定してあるということだ。

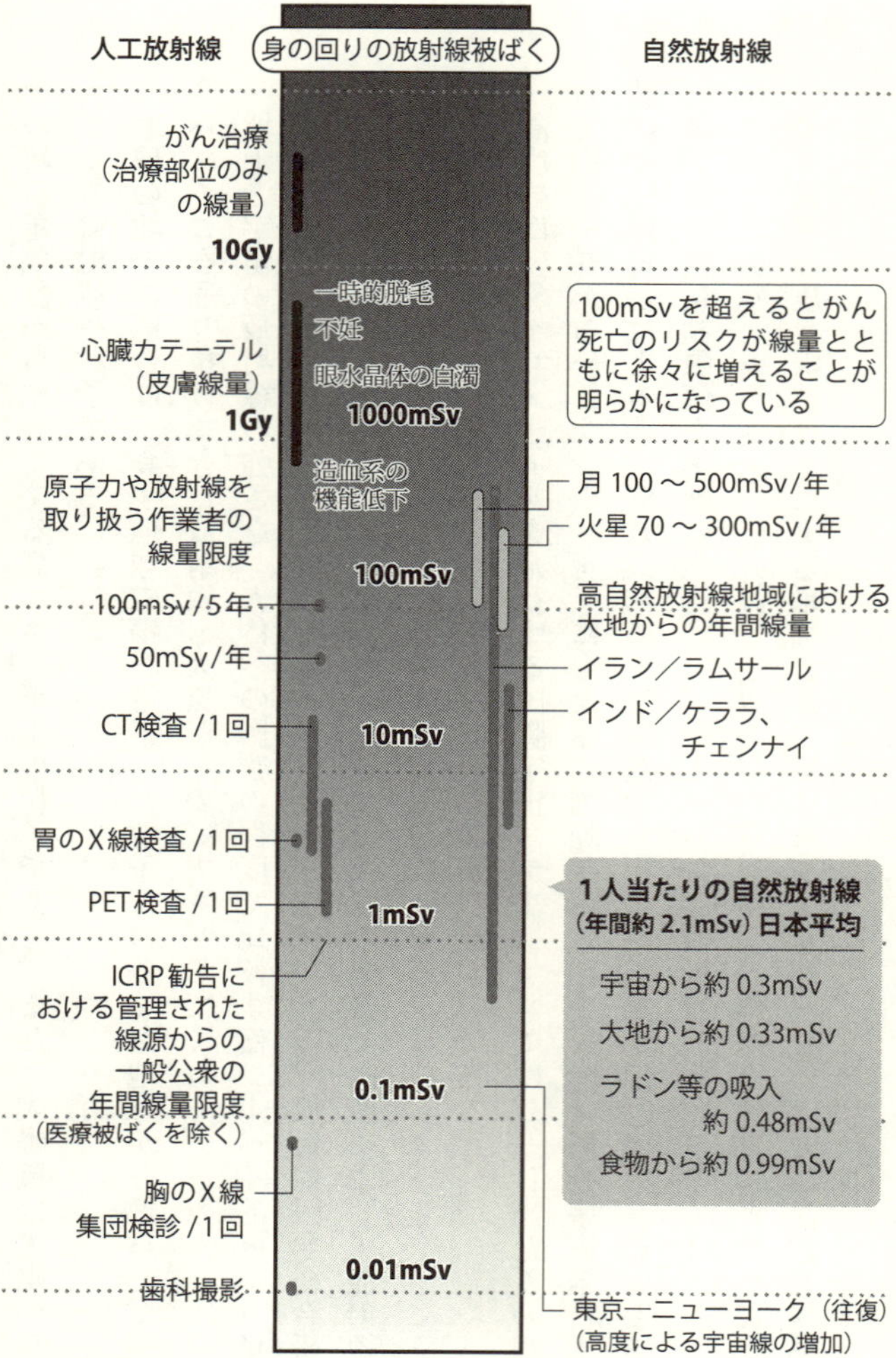

図19　地球と宇宙の放射線レベル
放射線医学総合研究所の「放射線被ばくの早見図」（平成30年 5 月14日改訂版）をもとに、月や火星の放射線レベルを加筆したもの

福島原発の事故により設定された帰宅困難地域の基準は年間積算線量が五〇ミリシーベルトを超え、五年間を経過しても年間積算線量が二〇ミリシーベルトを下回らないおそれのある地域とされている。現代の宇宙飛行士はロケット打ち上げの事故率などの他に、放射線の人体影響に関しても、それなりに覚悟のいる仕事だということだ。

月面は、固有の磁場がほとんどなく、さらに大気もないために、放射線レベルは年間一〇〇〜五〇〇ミリシーベルトと推定されている。月基地ではレゴリスなどを利用して数メートルの壁をつくることで、地球の地上レベルの放射線量に減らすことができると考えられているが、基地を出て月面で活動する時はあまり長時間にならないように気を付けなければいけない。

太陽フレアという現象もある。これは、太陽表面で小爆発が起こって、普段の一〇〇から一万倍もの強い放射線が放射される現象である。どちらの向きに放射されるかが重要で、その方向にいなければ問題ないが、もし太陽フレアからの放射が地球方向だとさまざまな問題が起きる。

一八五九年の「キャリントン・イベント」と呼ばれる太陽フレアでは、飛来した太陽風が低緯度地域にまでオーロラを発生させ、ハワイでもオーロラが観測されたそうだ。一九八九年の太陽フレアによる磁気嵐では、カナダのケベック州で送電網が破壊されて九時間にもおよぶ停電が生じたり、アメリカの気象衛星の通信が止まるなどの障害が起きたということである。

もしこの太陽フレアを国際宇宙ステーションが浴びると、致命的な放射線量となる。そのため、太陽フレアの兆候を観測した時、宇宙飛行士は放射線遮蔽能力を特別に高めた区画にしばらく退避することになっている。月面も同様の対応が必要となろう。

旅の途中の放射線

月への旅の途中にはもっと厳しい放射線帯があり、発見者の名前を取って、バン・アレン帯と名付けられている（図20）。この放射線帯は、地球に近い内帯と地球から遠い外帯とに分かれていて、赤道上空で内帯は高度一〇〇〇～五〇〇〇キロメートルにあり、外帯は高度一万五〇〇〇～二万五〇〇〇キロメートルにある。その正体は地球磁場によって捕捉された荷電粒子だ。地磁気を持つ惑星は地上に降り注ぐ放射線を防ぐと同時に、宇宙においては、放射線帯をまとうことになる。

この領域は一九五八年、アメリカの最初の人工衛星エクスプローラー1号によって発見された。有人ロケットの場合、この領域を素早く通り抜ける必要がある。アポロ宇宙船は四日間で月まで行ったが、バン・アレン帯を通過する時間は数時間程度であった。

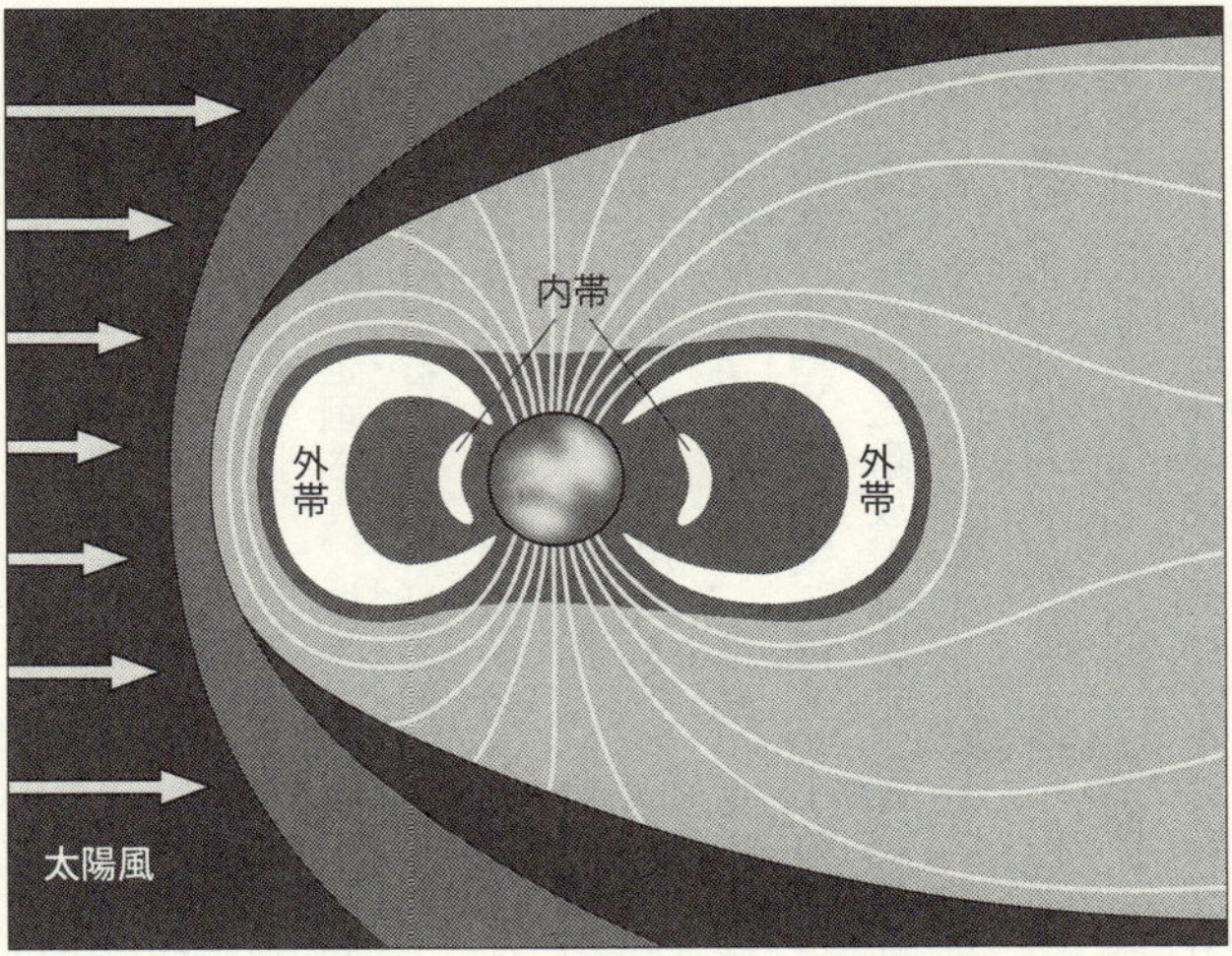

図20　バン・アレン帯

一方、無人探査機の場合は燃料節約のために、地球を周回する軌道を少しずつ大きくしながら地球を何度も回って月に到達する方法をとることがある。この方法を使うと、月まで到達するのに何ヵ月もかかるので、この間にバン・アレン帯を何度も通過するし、通過している時間も長い。そのため、有人探査機よりもはるかに大量の放射線を浴びることになる。もちろん、無人探査機だって放射線はできる限り浴びない方がよいが、人間よりはずっと頑丈なので、少ない燃料で月に行くことができる、ゆっくりした月旅行を選ぶことができるわけだ。

低コストの小型探査機ほど、燃料節約のためにゆっくりした月旅行になるが、放射線に耐える性能はより高めなければならない。低コストな小型探査機に搭載される科学観測機器は大型探査機の搭載機器よりもお手軽につくられていると思われているかもしれない。しかし、実際は逆で、耐放射線性能はずっと高くつくらなければならない。小型探査機だとかえって放射線防護壁に質量を割《さ》きづらいという制約もあるので、設計は大変だ。

月探査計画が企画され、打ち上げロケットと月までの軌道が決まると、打ち上げから探査終了までに浴びる放射線の量が推定される。その推定値の放射線を浴びても大丈夫なように探査機も搭載科学観測機器も製造されねばならない。これまでに宇宙探査に使われたことがある部品や、メーカーが宇宙用として耐放射線性能を実験したデータのある部品は、大変高価であるが、安心して使用できる。しかし、新規に搭載される部品は、同程度の放射線を短時間で浴びせる実験を行い、部品が劣化しないかを確認しなくてはならない。

私は現在、小型月着陸実証機ＳＬＩＭに搭載されるマルチバンドカメラという装置を開発しているが、一部に耐放射線性能が確認されていない部品があったので試験をする必要があった。幸いなことに、所属する大阪大学にガンマ線を照射できるコバルト60照射施設（大阪大学産業科学研究所）や、高エネルギー粒子線を照射できるサイクロトロン施設（大阪大学核物理研究センター）があったので、準備から試料回収までの工程を学内で実験することができた。また、同じ大学内なので学生の参加も比較的簡単な手続きで可能で、教育効果も大きかった。

余談であるが、大きな組織に所属していると、有利なことがある。前述のような施設があるというのもそうだが、施設で実験をするためには、放射線業務従事者として登録している必要がある。大学生や大学教職員だと、大学が用意してくれる講習会を受けることで、簡単に放射線業務に従事できるようになる。最近、大学を中退して宇宙ベンチャー的な活動に身を投じる学生が増えている。その行動力はすばらしいし、そういう風潮は歓迎するが、理系の大学生の場合は、大学という組織の利用価値を知った上で行動して欲しいと思う。組織を飛び出すなら、組織に背を向けるのではなく、「大学や会社を積極的に利用してやるぞ」という心意気で飛び出して欲しいということだ。

なお、放射線試験は、大学施設を使う例もあるが、放射線医学総合研究所や、量子科学技術研究開発機構の高崎量子応用研究所などの専門機関で行うことが多い。

第3章 砂漠のオアシスを探せ

本章では人類の宇宙開発の未来を左右する重要な資源として、水資源について考えたい。月に実際に資源活用できる量の水があるかどうかは、2020年代の探査の結果を待たねばならないが、なぜ水があると考えられるのか、その水はどこから来たのかなど、これまでの研究の成果を紹介する。また、水があった場合、今後の宇宙開発にどれほどの大きな影響があるかを解説する。さらに、月に利用可能なほどの水がなかった時の代替案も述べる。

水探査の流れ

二〇一七年十二月六日、日本のＪＡＸＡとインド宇宙研究機関（ＩＳＲＯ）が共同で月の極域探査を検討する取り決めが締結されたことがニュースで報じられた。この計画は月の極域で水の氷、つまりH_2Oの固体を探そうという水資源探査である（図21）。

アポロ計画によって月面には水が存在しないと結論付けられた。ではここで言う水資源とは何なのだろうか。月のどこに水があるというのだろうか。まずは、月に水があると思われるようになった経緯について、説明しておきたい。

最初に水があるかもしれないと思わせたのは、一九九四年に打ち上げられたアメリカのクレメンタイン探査機のデータである。クレメンタインから月の南極地域に発した電波を地球のアンテナで受信し、氷を思わせる反射波が得られたというものである。このデータは現在でもあまり信頼されていないが、当時も氷の存在を信じる研究者はほとんどいなかった。

氷の存在が期待され始めたのは、一九九八年に打ち上げられたアメリカのルナ・プロスペクター探査機のデータからである。この探査機は中性子分光計という装置を持っており、水

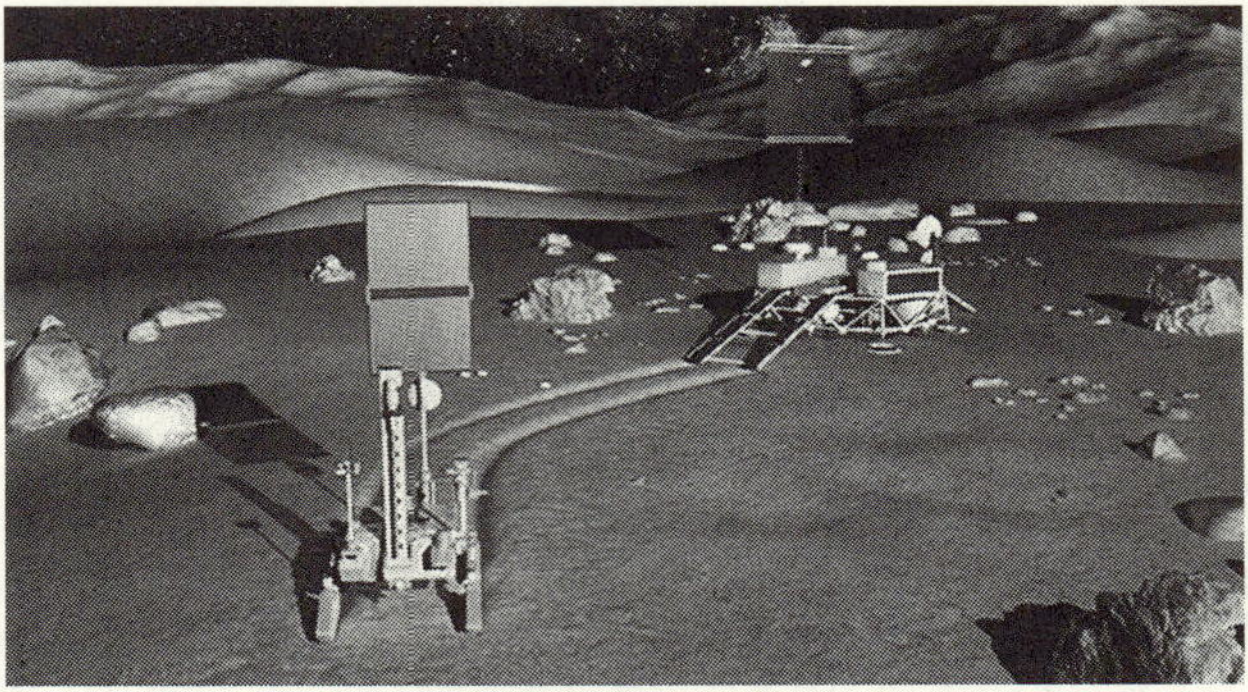

図21　日本とインドの共同月極域探査計画の想像図（JAXA）

素原子を検出することができた。この装置により、月の北極と南極に水素が大量に集まっている場所があることがわかった。水は水素原子と酸素原子からできているので、ルナ・プロスペクターの見つけた水素は水の分布を表しているのではないかと期待されるようになった。

しかし、太陽風という太陽から放出される粒子の中にも大量の水素原子が含まれており、それらが月面に捕らえられたものかもしれない。このころから、月に大量な水の氷があると考える研究者と、そんなにあるわけがないと考える研究者とに二分された状況となって、現在もそれが続いている。

なお、「水の氷」などとややこしい表現をしているが、これは、宇宙には低温の天体も多数存在するので、水が冷えて固まった氷だけでなく、二酸化炭素の氷や、メタンの氷など、水以外の氷もいろいろ考えられるからである。水でできた氷をしばしば水氷《みずごおり》と研究者は呼ぶ。本書では特に断りがない場合は、氷と表記した場合は水氷をさすものと考えていただきたい。

ルナ・プロスペクター以降も水の探査は続くのであるが、その話はいったん後回しにして、氷にこだわる理由や、氷があると考えられる場所と、氷の起源についての解説をしておこう。

宇宙資源の考え方

富士山の山頂では水一リットルはおおよそ一〇〇〇円で売られているそうだ。これは運賃が入っているからである。では、月で水一リットルを買ったらいくらになるだろうか。答えは一億円である。地球から月に物資を送るのに一キログラムあたり一億円かかるのだ。

宇宙で資源を採掘するという話をすると、「月に金塊でもころがっているのでしょうか」と質問される。月に金塊はないが、もしあっても持って帰る意味はあまりない。なぜなら、月に一キログラムの物資を運ぶのに、一億円もかかるからだ。持ち帰るコストも同程度と考えてよいであろう。

現在の金一グラムの価格は約五〇〇〇円である。つまり一キログラムの金塊も五〇〇〇万円でしかない。月に金塊があっても、五〇〇〇万円分を地球に持ち帰るのに一億円もコストがかかるとしたら、誰も持って帰りたいとは思わないだろう。

一方で地球から月に持っていかなくてはならない物質、例えば水が月で見つかったらどうだろう。その水の価値は一キログラム（＝一リットル）で一億円ということになる。月の資源は、地球に持って帰って使うというよりも、現地で必要なものを現地で調達するという意味が大きい。

ここで、その土地にある資源の量について使う言葉「埋蔵量」の定義を確認しておきたい。言葉のニュアンスは使われる業界によって多少異なることがあるが、「資源量」とか「原始埋蔵量」という場合は、そこに存在している資源物質の量そのものをさす。一方で単に「埋蔵量」とか「可採埋蔵量」という場合は、商業的に採掘できる量を言う。

宇宙の資源について、その活用を考えるときは、もちろん、商業的に採掘できる量が重要である。そして月の場合は、一キログラムあたり一億円よりも少ないコストで採掘できれば、それは商業的に採掘できるということになるわけだ。

この後の章で、岩石から酸素を取り出す話をするが、地球の場合、大気中に酸素が存在しているので、岩石から酸素を取り出そうとする人はいない。しかし、酸素を地球から一キログラム運ぶよりも安いコスト、すなわち一億円より少ないコストで岩石から一キログラムの酸素を取り出せるとしたら、それは立派な活用可能な資源となることがおわかりだろう。宇宙時代には、地球とは異なる感覚であらゆる資源を見直す必要がある。

水が月に大量にあったとしたら、何に使えるだろうか。最も期待されている使い方は、ロケットの燃料である。水は酸素原子と水素原子でできており、電気分解すると、水素ガスと酸素ガスができる。これらを低温で液化したものは、日本が誇る大型ロケットH－ⅡAの燃料と酸化剤そのものである。月に大量の氷があった場合は、それを採掘し、太陽電池パネルでつくり出した電気を使って電気分解することで、月面でロケットの燃料と酸化剤を手に入れることができるわけだ。

ロケットの重量のほとんどを占めるのは燃料である。地球から月にロケットを打ち上げるときに、現在は帰りの燃料を運ぶために往路の燃料もさらに大量に必要となっている。月面で燃料を調達できれば、帰りの燃料を打ち上げる必要はなくなるし、月から火星や小惑星に直接出発する道も開ける。地球の強い重力や大気の抵抗を振り切って打ち上げるよりも、重力が小さく大気のない月から打ち上げる方が、燃料の節約になる。

JAXAの試算によると、月に十分な量の氷があった場合、月に氷採掘プラントや燃料製造プラントをつくるコストを費やしたとしても、五回程度月－地球間を往復すれば元が取れるということである。

もちろん、水は、飲み水としても使えるし、呼吸する酸素の原料としても利用可能である。また、月で農業をするためには必須である。これらは、基本的には人間の排出物や呼気からリサイクル可能な資源なので、最初に人口に見合う量を確保しておけば、その後に大量に補給する必要はなくなる。氷の量によって利用の可否が大きく変わるのは、やはりロケットの燃料としての利用だ。

水があるかもしれない永久影とは

月の氷探査が北極や南極に集中しているのは、そこに永久影があるからである。永久影とは、何年も何十年も、それどころか何億年も太陽の光が差し込むことのない永久に影の地域のことである。それが月の北極と南極に集中的にあるのだ（図22）。地球の回転軸（地軸）は公転面に対して二三・五度も傾いているが、月は一・五度しか傾いていない。そのため、両極では、太陽は常に地平線上を這って動くように見える。ちょうど地球の南極の白夜のようなイメージだ。太陽の高度は常に低いので、地面のへこみであるクレーターの底には永遠に日光が差さない。そのような地域が永久影となる。

永久影の中を初めて詳しく調べたのは「かぐや」の地形カメラであった。永久影の中に太陽からの光は直接は届かないが、クレーターの縁に当たった光の反射光がわずかに入る。「かぐや」の地形カメラは南極にあるシャックルトンクレーターの底の永久影部分をわずかな反射光を頼りに撮影に成功して、クレーター内部の地形と反射率を測定した。この成果の

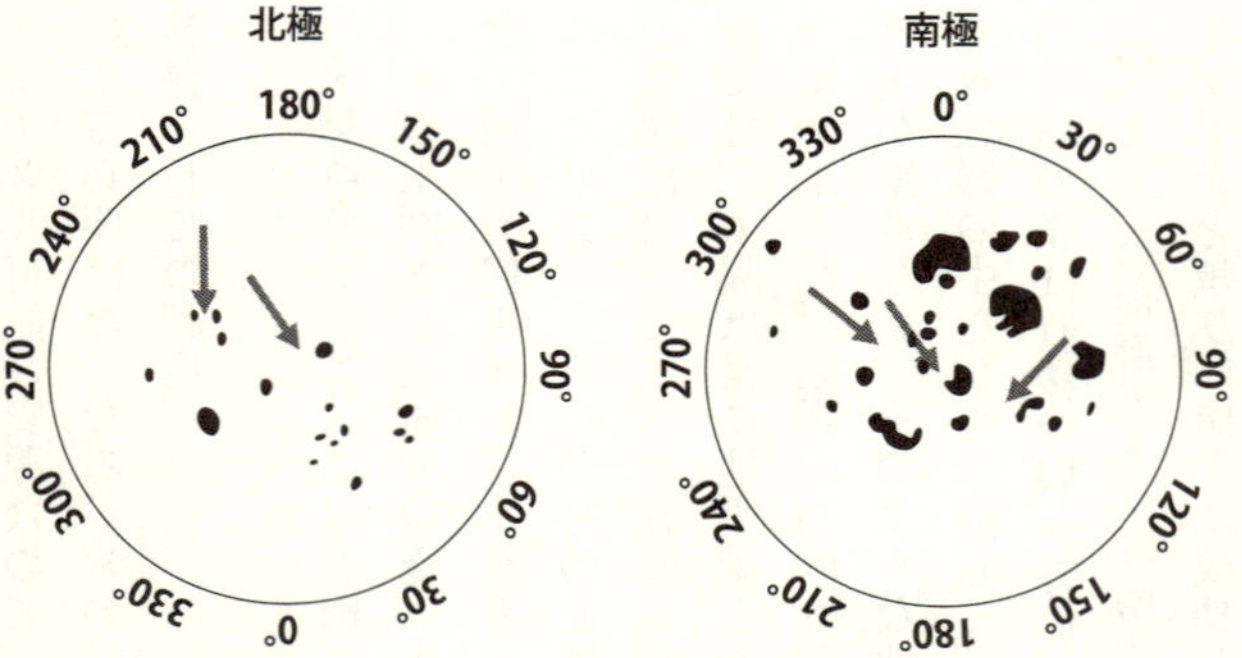

黒い部分は永久影、矢印は高日照率地域

図22　永久影と高日照率地域の分布図
野田寛大博士（国立天文台）の研究データをもとに永久影部分を抜き出した簡略図。高日照率地域のおおよその場所も矢印で示してある。北極、南極付近（緯度85度以上）を抜き出した地図であることに注意

研究論文の主著者は「かぐや」の地形カメラの観測機器チーム主研究者であった春山純《はるやまじゅん》一《いち》氏で、私は、クレーターの形状データをもとにクレーター内部の地表面の温度をコンピューターシミュレーションする担当であった。

シミュレーションの結果、クレーター底の温度は最高でもマイナス一九〇度C程度であることがわかった。この温度であれば、水分子がどこかから供給されて、クレーター底で凍りついたら、何億年でもそこに凍結したまま保存される。そこで、とある有名な科学雑誌に、「シャックルトンクレーターの底には氷があるかもしれない」という論文を提出した。しかし、残念ながら証拠不十分ということで審査員に掲載不可という判断をされてしまった。そこで今度は、これまた有名な科学

雑誌Science誌に「シャックルトンクレーターの底は氷を長年保持できるほど冷たいにもかかわらず、表面の反射率は氷の存在を示すような高い反射率ではなかった」という趣旨に書き換えて提出したところ、今度は採用となった。

この論文はシャックルトンクレーターに氷がないと解釈する方の例として引用されることが多いが、私は、スケートリンクのような氷はないとしても、数センチメートルから数十センチメートルもぐったレゴリスの隙間に微小氷が付着しているのではないかと想像している。なぜそう考えているかは、もう少し後でお話しする。

なぜ水があるのか

月の表面には元々は水がなかったと考えられている。もし水分が豊富にあれば、水素を含む鉱物が自然にできているはずだからだ。地球で普通に見られる、角せん石や、雲母など、水素を豊富に含む鉱物は月では見つかっていない。似たようなものがあっても、水素の代わりにフッ素や塩素が置き換わって入っている。そのくらい水に乏しかったようだ。

では、なぜ極地に水があると考えられるかというと、主に三つの原因が考えられている。一つは彗星や隕石などの落下、一つは地下からの供給、もう一つは太陽風である。

彗星は汚れた雪だるまに譬えられることもあるが、岩石と氷が混ざった天体である。太陽に近づくと尾を引くのは、太陽の熱で氷が溶けて少しずつ壊れていくからである。また、隕石の中でも始原的な隕石には水分や水酸基が含まれた鉱物が含まれている。これら水分を含む物質が月に落ちてきて高速で月面に衝突すると、その彗星や隕石の一部もしくは全部が溶けて蒸発する。蒸発した水分は、そのうち宇宙空間へと逃げていくが、しばらくの間は月の周辺を漂うことになる。そんな水分子が永久影の超低温のレゴリスに触れると、凍り付いて、そのまま何億年も保存されると考えられている。

地下からの供給というのは、マグマに含まれる水がガスとして出てきたという意味である。地球の火山はマグマの中の水分が発泡して堆積が膨らむことで爆発する。炭酸飲料が缶から噴き出すのと同じ原理である。月にも一〇億年前ごろまでは火山活動があった。しかし、月の火山を爆発させるガスが何であるかは実はよくわかっていない。水分がない天体なので、月の火山を爆発させるガスは水蒸気ではなく、一酸化炭素ではないかという説もある。

ところが、最近になって、アポロ計画で持ち帰った岩石を詳しく調べると、月のマントルには地球のマントルと同じくらいの、数百ppm（一ppmは全体の重さの一〇〇万分の一）の水が含まれている場合があることがわかってきた。これが月のマントル全体について言えるのか、それとも水が豊富な場所が偏って存在したのかなどは、まだわかっていない。しかし、かつて地下のマントルが溶けてマグマとなって月面に噴き出していた時代に、そのマグマに水分が含まれていた可能性はある。そして、彗星の場合と同じように、いったん月上空を漂った後で、一部が永久影に凍り付いているかもしれない。

　また、現在は月に火山活動はないと考えられているが、地下深くにはマグマが残っていて、そこから少しずつ地表に漏れ出した水蒸気が永久影に凍り付いているということも、もしかしたらあるかもしれない。

　もう一つの可能性は、太陽風である。太陽風とは、太陽から飛び出してくる粒子の流れで、粒子のほとんどは水素原子やヘリウム原子である。水素原子は秒速三〇〇〜八〇〇キロメートルもの速度で月面に降り注ぎ、月のレゴリス表面に突き刺さる。突き刺さるとはいっても、せいぜい〇・二ミクロン程度の深さである。刺さった水素は、そのあと表面にしみ出して、結局外に逃げていくものもあるが、鉱物内部に閉じ込められたままのものもできるようである。また、突き刺さった時の衝突で発生する熱によって鉱物中の酸素と反応して、水酸基や水になるものもあると考えられている。温度が高いと、鉱物表面に取り込まれた水素が宇宙空間に逃げやすくなるので、この場合も低温の永久影に多く保存されると想像されている。

　ところで、近年、月面に極めて薄い水蒸気が発生していることを示唆するデータが出始めている。特に二〇一三年から二〇一四年にわたって月を周回していたアメリカのラディーという探査機のデータを解析した二〇一九年発表のベンナ氏らの論文によると、流星群が月に衝突した時に、月の地下から水蒸気が蒸発してくるのを観測したということだ。推測される量は五〇〇ミリリットルの水を得るのにレゴリスが一トン以上必要という、採掘には厳しい量であるが、そのように月のあちこちから蒸発した水蒸気の一部が永久影に捕らえられて蓄積されている期待はさらに高まる。なお、この水の出自は、太陽風起源にしては多く、いつからどのようにしてレゴリス中に含まれるようになったのかはよくわかっていない。

どんな形であるのか

氷がどういう形で存在しているかは、水の出自によって異なると考えられる。彗星や隕石が起源の場合や、マグマ起源の場合は、氷は外から漂ってきた水分子がレゴリス表面にくっついて冷凍庫にできる霜のようについていると想像できる。ただし、これは、一番最初の形で、その後何億年も同じ場所についているとは限らない。月の表面には氷が露出していない可能性が大きい。なぜかというと、月には常に、大小の隕石が降り注ぎ続けているからである。

落ちてくる頻度は小さい隕石ほど多くなるので、月の表面は小さな隕石で頻繁にかき回されていると考えられる。小さな隕石でも大気のない月では秒速一〇キロメートル以上の速度で衝突するので、衝突したところの氷は衝突によって生じた熱で溶けてしまうと考えられる。

氷が溶けて蒸発することで漂い始めた水分子は、一部は宇宙空間へと漂い出し、一部は、レゴリスの隙間を通ってより地中の深いところへと移動する。そのようなことを繰り返すことで、氷は表面よりも少し深いところに潜っているのではないかと私は想像している。この深さが数センチメートルなのか、それとも数十センチメートルなのかということは、まだわかっていない。

実際のところ、「かぐや」が月のシャックルトンクレーターの内部の永久影の反射率を計測したときに、スケートリンクの氷のような高い反射率を持った物質はクレーター底にはなかった。アメリカのルナー・リコネッサンス・オービターという探査機のレーザー高度計が、シャックルトンクレーターに反射率の高い部分を見つけて、これが氷ではないかという研究発表もあった。しかし、これは高い斜長石構成比を持つ高純度斜長岩の露出ではないかと、現在は考えられている。

一方で、衛星軌道からではなく、着陸して永久影を近くから観察できれば、小規模の隕石衝突でできた直径数メートル前後の小さなクレーターに、地下の氷が露出しているところが部分的に確認できるのではないかとも考えている。そうなっているかどうかは、無人探査でもいいので永久影に実際に降りて調べてみなくてはわからない。中性子分光計で観測される水は数メートルの深さまでの水素を検出している可能性があるので、地下に氷があるという状況は十分に考えられる。

私の研究室では、月のレゴリスに見立てた鉱物の粉末や、清水建設がつくっている月レゴリス模擬物質を使って、レゴリスの表面にほんの微量の氷をつくる装置を開発している。そして、その装置で模擬月レゴリスに発生させた〇・一質量パーセントの氷を検出することを性能目標として、近赤外分光カメラの製作に取り組んでいる。

JAXAは二〇一八年十月に月極域探査のための観測機器の検討提案を公募した。この時に提示された条件は、レゴリス中に含まれる〇・五質量パーセントの水を検出することである。〇・五質量パーセントの水なんてたいしたことがないと思われるかもしれない。しかし、集めればとんでもない量になる。

例えば永久影を持つクレーターの一つであるシャックルトンクレーターの底に〇・五質量パーセントの氷を含む層が、厚さ一メートルだけ存在するとしよう。水は一辺一メートルの立方体の水槽を満たすとちょうど一〇〇〇キログラムすなわち一トンとなる。月のレゴリスを構成する鉱物の比重はおおよそ三程度であるが、実際には隙間なく詰まっているわけではないので、一

$$\frac{7500 \times 7500 \times 3.14 \times 1 \times 2 \times 0.5}{100} = 1{,}766{,}250$$

シャックルトンクレーターに含まれる水の量

辺一メートルの立方体に収めると、おおよそ二トンくらいになるであろう。シャックルトンクレーターの直径は約二一キロメートルなので、控えめに見て直径一五キロメートル、高さ一メートルの円筒の体積が氷を含む層だと考えると、そこに含まれる水は、なんと約一八〇万トンということになる。もちろん、永久影はこの一〇倍以上の面積があるので、〇・五質量パーセントという含有量であっても莫大な水資源が得られる計算である。

もう一つの水の存在形態のケースである、太陽風が鉱物に突き刺さっている場合は、ややイメージが異なる。鉱物の内部で水が合成されて、それが外部に蒸発していれば、おおよそこれまで語ったような、レゴリス表面に霜がついたような状態で見つかるであろう。しかし、その水が鉱物の中に閉じ込められたままの場合だったり、水酸基として存在している場合は、やや異なる。肉眼で観察したとしたら、普通のレゴリスを観察しているのとそんなに変わらないであろう。しかし、例えば赤外線で観察すると、鉱物の表面に水もしくは水酸基の特徴を示す光の吸収が検出されるはずである。

最近の水探査の動向

話を実際に試みられた水探査の例にもどす。「かぐや」以降もさまざまな試みがなされた。例えば、アメリカのエルクロス計画では、二〇〇九年に月南極の永久影を有するカベウスクレーターにロケットを打ち込み、巻き上げられた噴出物を近赤外分光計で観測した。結果、放出された噴出物中に水蒸気の光吸収の特徴を観測し、その吸収量から見積もったクレーター内のレゴリス中の水濃度は、おおよそ五・六質量パーセントだと報告した。

最近ニュースで話題になったのは、二〇一八年の論文で、二〇〇八年から二〇〇九年の間運用されたインドの月周回衛星チャンドラヤーン1号に搭載されたNASAの分光計M3(エムキューブ)のデータを解析して、永久影を照らすわずかな照り返しの光を頼りに、氷の光吸収を直接検出したというものである。

これらのデータは水が大量にあることを大いに期待させるが、どちらもノイズに埋もれたデータを統計処理によってすくい上げるようにして得られたものであり、地球の実験室で化学分析をして出てくるデータに比べると、その信頼性や水の量の予測精度は著しく低いと言わざるを得ない。

今のところ、極域に水らしく見えているものは水なのか、太陽風由来の水素なのか、利用可能なほどの量があるのかどうかは、行ってみないとわからないという状況である。ある意味で、これほど着陸探査の目的として最適なテーマはない。なにしろ一九九〇年代から月周回衛星によるさまざまな観測が行われていて、科学者の中でも、利用可能なほどの水があると思う者と、そんなにあるわけはないと思う者とがどちらも相当数いるという未解決の大問題であるにもかかわらず、着陸して直接探査をすれば白黒はっきりするのだ。そんな成果がわかりやすい探査テーマはそうそうあるものではない。

もし水がなかったとしたらどうなるだろうか。その時は、水ではなく太陽風起源の水素の利用を考えることになるだろう。水ほど取り扱いが容易ではないが、レゴリス表面に突き刺さった水素を加熱して取り出し、レゴリスの鉱物に含まれる酸素と反応させて、やはり水をつくることになる。燃料製造のコストや手間は氷があった場合よりも多くかかりそうなので、燃料プラントづくりは遅れるだろうが、水素が大量に存在すれば、やはり月で燃料補給をした方が効率がいい。

水があろうとなかろうと、月探査や開発は行われるだろうが、その後の開発の手順は大きく異なる道を歩む。その決着はあと一〇年としないうちにつくはずである。その決着をつけるのは、もしかすると日本の探査機かもしれない。

第4章 鉱山から採掘せよ

月まで物資を運ぶコストは現在のところ、1キログラムあたり約1億円である。そのため、月の基地をつくる素材は月で調達せねばならない。本章では、月の岩石から採取できる、鉄、マグネシウム、チタン、アルミニウムなどの金属資源や、太陽電池パネルの材料となるケイ素について、どういった岩石から、どうやって取り出すかについて解説する。また、金属製造の副産物で酸素をつくる話や、現地の土壌から建材をつくる話なども紹介する。

岩石と鉱物の違い

月の岩石と鉱物を見る前に、まず混同しやすい「鉱物」と「岩石」という言葉の定義を押さえたい。

鉱物とは、「天然に存在する無機物質で、化学組成や物理的性質が同一の部分」と定義できる。天然に存在するというのは、人工物ではダメという意味なので、プラスチックや窓ガラス、陶器などの人工の物質は鉱物とは呼ばない。また、固体である必要はなく、水銀も鉱物の一種だ。

鉱物学は物理や化学よりも歴史が古く、原子や分子の発見へとつながる学問である。まだ原子や分子が発見される前に鉱物とは何かが定義され、そのあとで修正がなされており、理由がよくわからない例外もある。例えば、「氷」は鉱物だが「水」は鉱物ではないという例外規定がある。

鉱物の定義の重要な側面を言い換えると「物質の性質が現れる最小単位である」ということである。物質の性質とは、密度、硬度、電気伝導度、などさまざまなものがある。分子式が同じであれば一緒では？　と思われるかもしれないが、例えば、Cという式で表現される物質には、ダイヤモンドもあれば、鉛筆の芯の原料である石墨もある。同じ炭素原子だけでできていても、物質を組み立てる構造が異なると、物性は異なり、鉱物名も異なるのである。「鉱物」というと地学の用語のように感じるかもしれないが、物性の最小発現単位という意味では、工学や固体物理学の分野でも、しばしば使われる概念である。

また、生物起源のものは鉱物とは呼ばない。例えば、歯、骨、貝殻、腎臓結石などは、鉱物とは呼ばない。しかし、これはいずれ定義が変わると私は考えている。なぜかというと、もう二〇年以上も前から鉱物学者の研究対象は、歯やら珊瑚やら、生物がつくり出す鉱物に似た特徴を持つ物質に広がっているからである。

たいへんおかしな話であるが、「鉱物」の定義をまとめている団体である国際鉱物学会が主催する研究発表会のセッションに、「生体鉱物学」という自己矛盾したようなセッションがある。いずれ鉱物学者が、生体鉱物（正確には「生物がつくり出す鉱物的物質」）も鉱物に含めるであろう。

一方、岩石は鉱物の集合体である。単一鉱物の集合でも、複数の種類の鉱物の集合でも構わない。面白いことに、岩石は生物起源のものでも岩石と呼ぶ。例えば、七輪に使われている珪藻土は珪藻というプランクトンの二酸化ケイ素の殻が海底に降り積もってできた岩石であり、完全に生物起源であるが、岩石と呼ぶのだ。

月表面の岩石と鉱物

月表面の岩石と鉱物をここでまとめておこう。主なものとして岩石を二種類、鉱物を四種類覚えておけば、月科学の話題のほとんどが理解できる。岩石名は序章で紹介した玄武岩と斜長岩である。鉱物は既に出た斜長石、輝石に加えて、あと二つ、かんらん石とチタン鉄鉱を押さえておけばよい。

かんらん石は科学式は（Mg, Fe)$_2$SiO$_4$となる。先に出た輝石と似ていてマグネシウムと鉄とケイ素と酸素でできた鉱物である。地球でよく見られる鉄を少し含んだかんらん石は、美しいオリーブ色をしており、英語名はオリビンという。かんらん石という名前は、オリビンを日本語訳する時に、オリーブの木を橄欖《かんらん》という植物と混同して誤訳した結果らしい。なお、透明度が高いものはペリドットという宝石として流通している。ペリドットは八月の誕生石として知られる。

かんらん石はマグマの海が冷えるときにマグマの温度が高い初期に出てくる鉱物で、マグマより少し重いので沈んで月のマントルを形成していると考えられている。また、マントルで発生し上昇して月面に噴き出した玄武岩溶岩の中にも含まれていることがある。地球の地殻のすぐ下の上部マントルという部分もかんらん石が集まったかんらん岩という岩石でできていると考えられている。地下にオリーブオイルのような美しい緑色の鉱物がぎっしり詰まっていると想像するのはなんと楽しいことだろうか。宝石店でペリドットをぜひ鑑賞していただきたい。学生でも購入しやすい価格の宝石である。

もう一つ追加したい鉱物はチタン鉄鉱である。英語名はイルメナイトだ。化学式は $FeTiO_3$ となる。鉄とチタンと酸素でできた鉱物だ。月の玄武岩にはチタン鉄鉱がさまざまな濃度で入っており、月の玄武岩をさらに細かく分類するのに使われている。機動戦士ガンダムの装甲の素材はルナチタニウム（月で採取したチタンから作られた合金）でできているという設定だが、ガンダムのスタッフには月の鉱物に詳しい人がいたのだなあと感心する。このチタン鉄鉱は、チタンだけでなく鉄、酸素、水素、ヘリウム3などさまざまな資源採取のカギとなる鉱物だ。このあと何度も登場するので、ぜひ名前を覚えておいてほしい。

これらの岩石や鉱物が月の表面にどの程度あるかを大雑把にイメージしておこう。月の高地と海の面積比は八四対一六である。これはおおよそ斜長岩と玄武岩の分布の面積比と考えてよい。岩石を構成する鉱物の比は、場所によって異なるが、イメージとして、以下のように考えておけばよい。高地の斜長岩には構成鉱物として、おおよそ質量比で斜長石が九割、輝石が一割入っている。海の玄武岩には構成鉱物として、平均的な質量比で斜長石が四割、輝石が四割、かんらん石が一割、チタン鉄鉱が一割入っている。かなり大雑把な推定値だが、実際とそう大きな違いはないと思う。

建築資材

建築資材として手っ取り早く使えるのはレゴリスの焼結ブロックである。焼結とは、粒状の固体物質を密着させた状態で高温に加熱すると、その物質が溶ける温度に達していなくても、粒同士がくっつく現象である。月面のレゴリスを集めて、太陽電池で発電した電気による電気炉か、太陽光を鏡で集める太陽炉を使って高温に加熱すると、煉瓦のようなブロックをつくることができる。

異なる種類の鉱物が接していると、それぞれの鉱物単体の融点よりも低い温度で溶ける共融という現象が起きるので、実際は完全な焼結ではなく、一部が溶けてもっと早い速度でくっつくことになる。鉄分を含む鉱物の方が一般に融点が低いので、ほとんどが鉄分を含まない斜長石でできた高地のレゴリスよりも、鉄分を含む輝石をたくさん含む海のレゴリスの方が低い温度で簡単にブロック化するはずである。

月面は宇宙放射線や微小隕石が降り注ぐ危険な空間である。そのために、基地をつくるには厚さ数メートル以上の壁をつくっておく必要がある。厚い壁を低コストでつくるためには、レゴリスの焼結ブロックが最も効果的であろう。

ブロックには別の使い方もある。それは、重機の重しとして使う利用法である。月面は地球の六分の一しか重力がない。重機を地面に押しつける力も六分の一しか働かない。そのため、重機の本体は地球でつくられることになると考えられるが、地球からの輸送コストを考えるとできる限り軽くつくるべきである。そうなると、ますます地面に押しつける力が弱くなる。押しつけないとどうなるかというと、ショベルカーが地面を掘ろうとショベルを突き立てたとき、ショベルが地面に刺さらずに本体が浮いてしまうのだ。ブルドーザーであれば、キャタピラーが空転してしまう。地面に穴をあけるドリルはドリルが回転せず本体の方が回ってしまう。重機の重さを増すためには、レゴリスを背中に載せるだけでもよいが、ブロック化すれば、より使い勝手がよいはずだ。

金属

これまで見たとおり、月面の鉱物の中には、鉄、チタン、マグネシウム、アルミニウム、ケイ素などの元素が豊富に含まれている。これらは酸素と結びついているので、酸素を引きはがすことで使いやすい原材料となる。例えば、地球から持ち込んだ水素もしくは、月面のレゴリスに刺さっている太陽風起源の水素を集めて、鉱物と混ぜて高温にすると、各元素と結びついた酸素が水素とくっついて水になり、各元素を単体として取り出すことができる。

月の鉱物の中で鉄とチタンと酸素からできているチタン鉄鉱は、特に酸素をはがしやすいので、鉄とチタンは月の海のレゴリスからチタン鉄鉱を選別して処理してつくることになるであろう。ただし、ここでできる鉄は純粋な鉄であって、地球で建築資材として使われている鋼鉄ではない。鋼鉄は、純粋な鉄に炭素がごく微量から二パーセント程度まで入ることによって強靭さを増している。月面には炭素を含む鉱物がほぼない状態なので、炭素を混ぜた鉄鋼をつくることは難しい。

ただ、鉄鋼への混入物に炭素を選んでいるのは地球での製鉄過程の事情によるものがある。地球では、鉄鉱石の中で鉄と結びついている酸素を引き離すために、溶鉱炉に鉄鉱石と炭素からつくったコークスを入れて加熱することで、コークスの炭素で還元反応を起こしている。そのために最初にできてくる鉄は炭素を過剰に含んでいて、そこから炭素濃度を減らして鉄鋼をつくっていく。月では炭素を入手することが難しいので、別の元素で鉄を強靭にする必要がある。チタン鉄鉱が原材料であるから、チタンを混入させるのが近道であろう。もしくは、月に大量にある斜長石から得られるアルミニウムも候補である。

冶金学《やきんがく》という言葉は現代の若者には通じないかもしれないので、金属工学と言い換えるが、地球の金属工学は、地球環境を前提としている。月では、原材料は鉄鉱石ではないし、酸素を含んだ大気はないので、錆《さび》を気にする必要はない。そんな月環境に適した製鉄方法や合金配合を考える月専門の金属工学が今後必要となってくるだろう。

マグネシウムとケイ素は、月の海の玄武岩の主要な構成鉱物である輝石やかんらん石に含まれているので、これらを高温で水素と反応させて取り出すことになるだろう。マグネシウム合金は、宇宙船で使用する機器の軽量な構造材として重宝しそうである。一般的なマグネシウム合金はアルミニウムと亜鉛が混ぜてあるが、アルミニウムは月に豊富にあるのに対し、亜鉛の入手は困難である。このあたりも月で手に入りやすい合金配合の研究が必要となる。

ケイ素は太陽電池パネルの基材として大量に必要となる。作った太陽電池で発電した電気を使って、鉱物を溶かす熱をつくり出し、鉱物を溶かして取り出したケイ素でまた太陽電池をつくる。そういったサイクルをつくり出して、月面を太陽電池で覆っていく作業が行われることだろう。

アルミニウムは地球と同じように電気分解でつくることになるかもしれない。ただ、その場合、大量の水や炭素電極が必要なので、うまくリサイクルしてそれらを新たに補充しなくてもいいようにする必要がある。

金属の項で見てきたものは、結局のところすべて有用な元素から酸素を引きはがすプロセスである。月のためのプロセスを研究している人はまだほとんどいないので、これから発展が期待される。まずは、いかに月で手に入るものだけで製錬できるようにするかがポイントになる。次には、製錬工程の温度をあまり高くしなくてもいいような触媒や添加物を考えることも重要となるだろう。触媒や添加物は必ずしも月で調達する必要はないが、月にない場合は、完全にリサイクル可能なものでなくてはならない。これから多くの研究者が月環境のための金属工学、火星環境のための金属工学を開拓していくことになるだろう。

酸素

酸素は我々が呼吸するために必要であるし、水素を燃料として使う場合の酸化剤すなわち燃料を燃焼させるための空気成分として有用である。大気のない月には酸素はないように思われるかもしれないが、実は岩石中に酸素原子として存在している。酸素原子の大きさは鉄やマグネシウムなど岩石を構成する酸素以外のほとんどの原子よりも大きいので、岩石の体積のほとんどは酸素だと言っても過言ではない。

ちなみに大気中に酸素ガスがある天体は太陽系では地球だけである。これは植物が光合成をして酸素ガスをつくり続けているからである。もし、植物が光合成をやめると、地球の酸素大気は、地表の物質を酸化させること、言い換えれば鉄などを錆びさせることに使われて、すぐになくなってしまう。

図23　縞状鉄鉱層

地球にはかつて酸素大気はなかったが、三〇億年ほど前に光合成をする生物が誕生したおかげで、急に酸素大気がつくられるようになった。その時に海水に溶け込んでいた鉄イオンが酸化して海底に沈殿してできた地層が縞状鉄鉱層である（図23）。この縞状鉄鉱は現在の文明社会を支えている鉄鉱石そのものだ。人類の文明が過去の生物の営みに支えられているというのは面白くロマンがあるが、同時にどの惑星にも鉄鉱石があると考えるのは早計であることも、心にとめておきたい。

　酸素は月の鉱物から金属元素を取り出した際の副産物として生成できる。取り出す形は水としてであり、これを電気分解して酸素をつくり出すことになるだろう。将来的に月で大規模に農業が行われるようになると、酸素は植物の光合成によってつくられることになる。そうなると、酸素はだんだんと余りがちになる。

　大量に余る酸素は、太陽風起源の水素を燃料として燃やすときの酸化剤として使える。さらに遠い将来には、月で生成した酸素を運び出し、メタンなどの燃料は大量に存在するが酸素大気のない火星や、土星、木星の氷衛星で、それらの燃料を燃やすための酸化剤として使われることになるかもしれない。

核物質を語るにあたって

核物質というと、物騒なものだと思われる読者もいるだろう。東日本大震災の際には、福島原発の炉心融解によって放射性物質が飛散し、広範囲を回復困難な地域にしてしまった。行方不明の家族を残したまま避難を余儀なくされた方々の胸中には家族を失うことに加えてさらにつらい深い傷を残しているはずである。また、住み慣れたふるさとを追われ、今も真の心の安らぎを得られていない方々もいらっしゃるだろう。

原発事故は自然災害の被害をさらに回復困難なレベルにまで悪化させてしまった。しかし、私は原発を完全に廃止すべきかどうかというところでは結論を出せずにいる。

二〇一八年、四国電力の伊方《いかた》原発が、阿蘇《あそ》のカルデラ破局噴火時のリスクから再稼働差し止めになっていたが、裁判を経て再稼働が認められるというニュースがあった。カルデラ破局噴火が起きると九州はほとんどの人が生き残れないほどの大きな被害が出て、伊方も火山災害のみでもほとんど居住不可能な状況になる。もちろんそれに原発のメルトダウンが加わると、復興が長年困難になるので、それは避けねばならない。

火山灰が大量に降り積もっても原発を安全に止める技術はぜひ完成しなければならないが、カルデラ破局噴火への備えとしては、ただ原発を稼働させなければ安心というレベルではない。国内のカルデラ破局噴火の際は、原発は止めておいた方が安心なのは間違いない。しかし、北米のイエローストーンが破局噴火を起こした場合はどうなるだろう。北米西海岸が壊滅状態になった時に、国際情勢はどうなるだろうか。海上輸送の安全は確保されるのだろうか。そんな状況で、石油や天然ガスの輸入が止まった時には、原子力発電が日本人の生命を救う場合もあり得るとも考えられるのだ。

二〇一六年、私は宇宙の火山の研究をする過程で、原子力規制委員会が原発再稼働の判断に使っている降下火山灰量予測シミュレーションプログラムに間違いがあることに気づいた。この時は火山学会の識者を通じて原子力規制庁に連絡を取った。その結果、玄海《げんかい》原発の再稼働が一時延期になるという影響は出たが、すぐにプログラムは修正され、現在では全国の電力会社が正しいプログラムで降下火山灰量を予測している。

話が月からかなり逸れたが、原子力や核物質を語るにあたって、私が決してそれらの利用を安易に考えているわけではないことや、科学者の立場として、減災や原発の安全を維持するために微力ながらも取り組んでいることを知っていただきたいために、あえて紙幅を割いた。新しい科学技術で人類の未来を左右するという意味で、宇宙開発もまた、長年のメリット、デメリットを考えた上で進める必要があるのである。

原子力電池を使えないハンディキャップ

日本は原爆を落とされた経験があるため、放射性物質に対する警戒心が強い国である。医療に使う放射性物質についても欧米よりも厳しい基準で運用されている。そして、宇宙分野では原子力電池を運用できるかどうかという点で大きな違いがある。

原子力電池とは、放射性物質から出る熱で発電、もしくは、放射性物質から出る放射線で蛍光物質を光らせて太陽電池で発電する仕組みの発電装置の一種である。

原子力電池は何十年にもわたって発電でき、宇宙では大変重宝する電池である。例えば序章で紹介した太陽系の果てを観測したボイジャー探査機が打ち上げから四〇年以上たってもなお地球にデータを送ることができるのも、原子力電池のおかげである。太陽の光は太陽からの距離の二乗に反比例して弱くなるので、木星より太陽から遠いところでは太陽電池で探査機の電力をまかなうのは困難となる。そのため、木星、土星、天王星、海王星など、外惑星を探査するボイジャーには原子力電池が搭載された。

外惑星探査だけでなく、月探査でも原子力電池は有用である。例えば、中国の最初の月着陸機嫦娥3号のローバー（探査車）玉兎《ぎょくと》には原子力電池が搭載されていた。月ではマイナス一七〇度Cの夜が地球時間の二週間も続く。この間は太陽光発電ができず、電子回路などは暖めておかなければ機能不全を起こしてしまう。玉兎は夜の期間の保温に原子力電池を使った。二〇一三年三月に雨の海で活動を開始してから、二〇一四年二月には夜の寒さの厳しさによって一度活動を停止したが数週間後に復活し、二〇一五年十月には史上最長期間、月面で稼働し続けたローバーとなった。そしてその後も活動を続け、二〇一六年八月三日に稼働を停止した。ソ連の大型月面車の稼働期間一一ヵ月を超える大記録である。原子力電池の威力を感じさせる成果だ。ちなみに、ソ連の月面車も月の夜の間の保温には原子力電池を使っていた。

「オデッセイ」という映画をごらんになった方はいらっしゃるだろうか。原作は『火星の人』という小説だが、ひょんなことから火星に独りぼっちで置き去りとなった宇宙飛行士が、次の火星ロケットが来るまでの間、火星でサバイバルするという冒険SFである。この物語の主人公を火星の極寒の気候から守るのも原子力電池である。原子力電池は簡単な構造なのでメンテナンスする必要もなく、何十年でも発電を続けてくれるので宇宙で使うのにとても好都合な電池なのである。

しかし、日本では原子力電池を使うという選択肢はない。今後、状況が変わるかもしれないが、日本が原子力電池を使うようになる未来はあまり想像できない。また、諸外国でもだんだん使いにくくなっている。例えば、原子力電池を積んでいたアメリカの土星探査機カッシーニは、地球の近くに一度もどって、地球をかすめるように飛行することで探査機に速度をつけるスイングバイという航法を実行しようとした。いよいよスイングバイの日程が近づいた時、地球の近くを飛ばすなという反対運動が起きた。万が一地球に墜落して原子力電池が壊れて周辺を汚染したら危ないという理由だった。カッシーニはスイングバイを断行し、その後土星探査にも成功したが、核物質への抵抗感が伝わるエピソードである。

原子力電池は空中からの落下では壊れないほど頑丈にできているが、それでも絶対に壊れないとは言い切れないし、海に落ちた場合、風評被害で漁業者が迷惑を被るということは十分に考えられる。そこで考えたいのが月で核物質を採掘する道である。月で採掘して月で原子力電池をつくることができれば、地球に落下する危険はなくなる。

ウラン鉱床

では月面に核物質があるか。もっと具体的には核燃料の原料となり得るウラン鉱床があるかを考えてみたい。ウランそのものは間違いなくある。しかし、採掘や精製のコストが現実的な範囲に収まるほどの高濃度の鉱石があるかどうかということは、まだわかっていないという状況である。

地球のウラン鉱床中のウランの含有量は〇・一～二〇パーセント程度である。一方で月の衛星軌道上からの測定では、大きな面積の平均的な濃度しかわからないが、約二ppmという地域が存在する。この地域の鉱物にまんべんなくウランが分布していたら、これを鉱石として採取してもウランを取り出すのに大変なコストがかかりそうである。

しかし、実際は、一〇〇倍くらいに濃集した岩石が一〇〇分の一の面積に集まっているのかもしれない。そうなると地球の鉱石に比べると一桁か二桁ほど低濃度の鉱床ということになるが、地球から運ぶ運送コストが莫大なことを考えれば、採掘して採算が取れるレベルのように思える。

地球のウラン鉱床ではウランが熱水に溶け込むことによって濃度を上げる仕組みを持つものがあるが、液体の水がほとんどない月ではそのような濃集機構は期待できない。しかし、マグマを使った濃集機構は存在する。マグマから鉱物が固まる時に、ウランやトリウムといった放射性元素はイオン半径が大きいために鉱物に入りづらく、マグマの方へと残っていく。そのために、鉱物をたくさん生成した残りのマグマの中の放射性元素の濃度はどんどん上がっていく。

そのようにして放射性物質を集めたマグマが最後に固まったと考えられる地域が月面に確かに存在している。例えばハンスティーン・アルファと呼ばれる火山ドームは、ケイ素が多い地域であることが衛星軌道からの観測でわかっている。地球でもケイ素の多い花崗岩質のマグマが岩盤を割って貫入しているところにウラン鉱床ができている例があるが、ウランの濃縮は同じ原理である。

また、裏側に局所的にトリウムが異常に高い濃度で検出されている場所がある。コンプトン・ベルコビッチ・トリウム異常地域と呼ばれている。ウランもトリウムも、結晶よりマグマに集まりやすいという性質は同じなので、トリウム異常地域にはウラン鉱床がある可能性が高い。これらの、マグマがウランやトリウムを集めている可能性が高い地域は複数あるが、人類はまだどの地域からも試料を持ち帰ってないし、着陸して岩石を近くから観測したこともない。

核物質は精製過程がきわめて複雑なので、ウラン鉱床が存在したとしても地球から運ぶよりも低コストで採掘できるようになるのは、かなり先になることだろう。初期の月開発の段階では利用は難しそうであるし、現状、原子力電池をそれほど抵抗感なく地球から打ち上げることができる中国にコスト的に勝てる見込みはない。しかし、外惑星の衛星にフロンティアを広げる時代の準備のため、日本が核物質を使えるようになっておく必要はある。もしかすると、中国が地球から打ち上げた原子力電池を月面で買い付けて使うという選択肢も考えるべきかもしれない。

第5章

月の一等地、土地資源を開発せよ

月にも一等地がある。それも２種類。１種類目は、日照率の高い地域である。月の夜は地球の２週間も続き、その間の極低温で、通常の機械装置は壊れてしまう。しかし、「かぐや」の探査により、極地方には年間80パーセント以上の期間日光が到達する場所が発見された。

２種類目は、「かぐや」が見つけた縦穴である。これは、溶岩が流れて作った溶岩トンネルの天井を隕石が打ち抜いた天窓と考えられている。溶岩トンネルを活用すれば、巨大な地下空間に、安全な町をつくることが可能となる。

本章では、場所が限られて早い者勝ちになる資源と、広範囲に分布していて確保を急がなくてもよい資源の識別も行う。

高日照率地域

第2章で解説したとおり、月の夜は極寒の世界が二週間も続くので、越夜をすることは技術的にとても高いハードルとなる。第3章で永久影を紹介したが、同じように、「かぐや」探査以前は、永久日なたもあるのではないかと期待されていた。月の北極や南極周辺では、太陽が常に地平線付近にいるために、小高い丘のようなところであれば、ずっと太陽の光が当たり続けるのではないかという予想である。

「かぐや」のレーザー高度計によって、月の地形が詳しく計測され、そのデータをもとに、太陽と月の位置関係をシミュレーションした結果、残念なことにずっと日が当たり続ける永久日なたは存在しないことがわかった。その代わりに、年間を通して八〇パーセント以上の期間日が当たり続ける高い日照率の地域があることがわかった。これを高日照率地域と呼ぶ。

この地域では、日が当たっているうちに太陽電池で発電してバッテリーに充電しておき、日陰の時期にバッテリーの電気で装置を暖めて極寒の時期をやり過ごすことが容易にできそうだ。探査機を着陸させるにも、有人基地をつくるにも、最適な場所と言える。

しかし、高日照率地域では、太陽は地平線近くにあることになる。つまり地面に平行に太陽電池パネルを置くと、光が斜めから当たることで薄まって、充分な発電量が得られなくなる。そのため、太陽電池を帆船の帆のように上げて、ひまわりのように太陽を向くように動かして発電することになる。図21の極域探査の想像図の太陽電池パネルの位置をもう一度確認していただきたい。

「かぐや」の探査で、ある程度まとまった面積の高日照率地域は、わずかに五ヵ所しかないことがわかった（図22）。まとまった面積とは言っても、せいぜい一辺数百メートル四方程度の狭い面積である。このうち月の表側にあるのはたった二ヵ所である。表側は地球が常に見える側、すなわち地球と常に直接電波で交信できるところなので、基地としての価値も上がる。

月の氷を探査する極域探査のための着陸船の着陸地点も、高日照率地域が選ばれやすい。ただし、極域探査の場合は、着陸地点が広い高日照率地域であることも重要だが、そこから無人探査車が永久影に移動する経路に高日照率地域が狭くとも続いていることが優位となる。そのため、前述以外の狭い高日照率地域や、あるいは日照率はやや落ちても広い土地とか、探査する限られた日程の間日照があればよいと割り切って永久影に近いところが着陸地点に選ばれる可能性もある。

高日照率地域がある極域は、太陽高度が常に低いので、ほんのわずかでも場所が逸れると逆にほとんど日光が当たらない場所だ。そのようなところに着陸してしまったら、太陽光発電量が足りなくなって探査計画そのものが失敗に終わるおそれもある。第3章で紹介した日本とインドとの共同月極域探査計画の場合、着陸精度として、目標地点に対して半径五〇メートル以内が求められている。日本は二〇二一年度の小型月着陸実証機SLIMで半径一〇〇メートル精度の着陸実証を世界で初めて行う予定である。高日照率地域の探査や開発のためには、高精度着陸技術が必須なのだ。

縦穴と溶岩トンネル

縦穴とは、「かぐや」の探査で月に初めて見つかった、謎の多い地形である。「かぐや」が見つけた三つの縦穴の写真を図24に示す。大きなものは直径約一〇〇メートルで、深さが一〇〇メートルほどもある。この縦穴は普通のクレーターにしては深いだけでなく、中にもっと広い空間があるように見える。

この縦穴は溶岩トンネルの天井に穴が開いたものだと考えられている。溶岩トンネルは地球では火山の周りによく見られる。溶岩が流れる時、まず縁の部分が冷えて固まって堤防のようなものをつくり、次に、上流から流れてきた固まった溶岩のかけらが下流の溶岩の川の

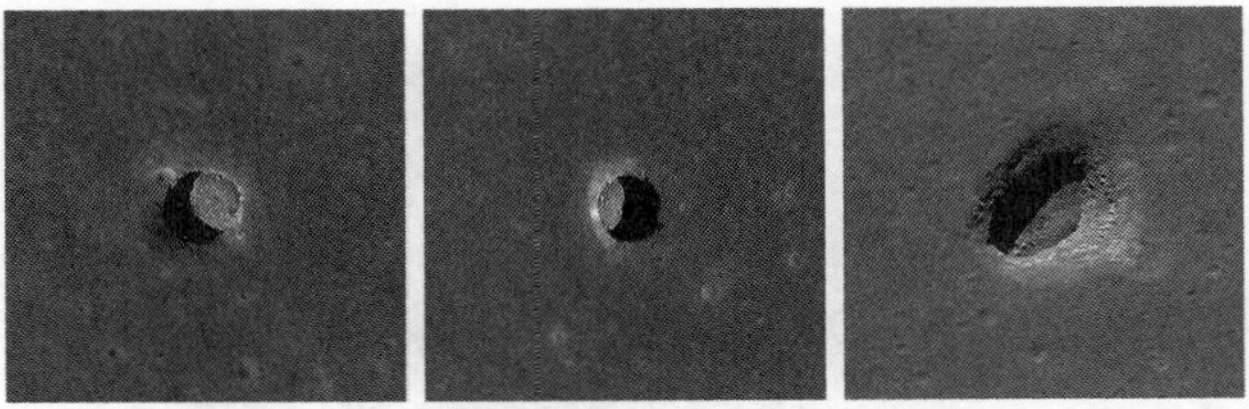

マリウスヒル縦穴
(60×50m、深さ40m)

静かの海縦穴
(100×90m、深さ100m)

賢者の海縦穴
(100×70m、深さ60m)

図24 「かぐや」が見つけた3つの縦穴（写真はルナー・リコネッサンス・オービターの画像）(NASA/GSFC/Arizona State University)

天井を埋めていき、トンネルが形成される。そのうちに、溶岩の噴出が弱まってきて、溶岩の水位が下がってトンネルのような空洞が残る。それが溶岩トンネルのできる仕組みである。

富士山周辺には風穴という洞窟がたくさんあるが、これらは皆、溶岩トンネルである（図25）。火山島であるハワイ島にもあちこちに溶岩トンネルがあり、地下にそれがあると知らずに上に家を建ててしまい、あとで陥没したこともあると聞く。

月にも火山地形がたくさん残っているので、溶岩トンネルや、その天井が抜けた穴が見つかりそうである。しかし、「かぐや」が発見するまで縦穴は見つかっていなかった。「かぐや」の発見を受けて、そのあとに月に行ったアメリカのルナー・リコネッサンス・オービターという月探査機が縦穴を探したところ、「かぐや」が見つけた縦穴三つを含めて、二〇〇個以上の縦穴を発見した。ただし、ある程

図25　富士山の溶岩トンネルの出口付近

度の大きさがあり、中に空洞があるように見える縦穴はやはり「かぐや」が見つけた三つである。

縦穴は溶岩トンネルに開いた天窓なのか、それとも、溶岩の水位が下がった火山の火口のようなものなのか、はたまた、全く別のでき方をしたものなのか、謎は深まっていた。そこへ二〇一七年に「かぐや」のレーダーサウンダーという電波の反射から月面の地下構造を推定する観測装置のデータを解析し、マリウス丘近くにある縦穴から延びる溶岩トンネルらしき地下構造を発見したという論文が発表された。電波の反射が溶岩トンネルを表しているとすれば、延長距離は五〇キロメートルにも上る。

本当に大規模な溶岩トンネルが続いているのか、他の縦穴も溶岩トンネルがあるのかは、実際に着陸探査を行って、溶岩トンネルに入ってみなくてはわからない。もし、溶岩トンネルがあれば、大きな基地をつくるのに最適な場所となる。第2章で述べたとおり、月面は隕石や放射線が降り注ぐ危険な空間であるが、溶岩トンネルであれば、数十メートルの厚い天井がそれらから守ってくれる。

また、地下は寒暖の差も月面ほどには激しくないと予想されるので、温度の調節もしやすい。さらに、溶岩トンネルであれば、壁面は溶岩が早く冷えてガラス化したもので覆われているはずである。何億年もの間、ガラスの層が壊れずに残っているかは行ってみないとわからないが、もしガラス層が残っていれば、空気が漏れにくいので、トンネルの一部区間を区切って、空気を満たすだけで、巨大な基地空間をつくることができる。

場所としての資源

高日照率地域や縦穴の他にも場所としての重要な資源があるので、ここでまとめておきたい。

まずは、永久影だ。永久影は、第3章で氷が貯蔵されているかもしれない場所として紹介したが、ここでは他の意義も確認しておきたい。永久影の利用価値は、マイナス一九〇度C以下の極低温というところにある。そこに超伝導という技術を組み合わせると、いろいろな活用法が浮かび上がってくる。

超伝導とは、物質の電気抵抗がゼロになる現象で、ある種の物質が極低温に冷却されたときにのみ発現する性質である。超伝導の性質を得られる温度をできるだけ室温に近づけようという研究が行われているが、まだ夢の室温超伝導は達成されておらず、現在のところはマイナス一三三度Cが最高温度だ。

しかし、永久影ではこの超伝導が実現する低温環境が簡単に手に入る。超伝導コイルという、超伝導物質でできたコイルに電気を流して、電力ゼロで強力な磁場を発生させる装置はさまざまに応用できる。例えば、フライホイール式の蓄電施設をつくることができる。

フライホイールというのは、巨大な重いコマのようなもので、モーターの原理を用いて電気で重いコマを回転させる。超伝導コイルの磁力を使ってコマの軸を空中に浮かしておけば、回転のエネルギーが自然に失われることがほとんどなくなり、いつまでもコマは回り続ける。電気が必要な時には、そのコマの回転エネルギーを使って発電することで、ためていたエネルギーを取り出すことができる。月は夜の時間が長いので、昼に発電した電気を夜のためにためておく方法として有効だろう。

超伝導コイルの活用方法として、他にも期待されているのが、核融合炉だ。次章で詳しく紹介するが、月面で採掘できるヘリウム3という物質は、核融合炉の燃料として期待されている。陽子二個と中性子一個でできているヘリウム3原子と、陽子一個と中性子一個でできている重水素を反応させて、陽子二個と中性子二個でできるヘリウム4原子と、陽子が一個になるときに莫大なエネルギーが生まれるのである。

核融合炉では、一億度Cを超すような想像を絶する温度にした燃料物質を狭い空間に閉じ込めておく必要がある。もちろんそんな高温に耐える容器は存在しない。そこで、強力な電磁石で磁界をつくって閉じ込めてしまう方法が考えられている。通常、この電磁石をつくるのに電力を使うと、発電電力よりも大量の電力を使ってしまうのだが、超伝導コイルであれば、電力ゼロで強力な磁界を発生させることができる。このため、未来の核融合炉は永久影にできる可能性が高い。

もっとも、それまでにもっと高温で発現する超伝導物質が開発されれば、永久影にこだわる必要はなくなるわけだが、さて月に核融合炉が建設されるのと、常温超伝導物質が開発されるのと、どちらが先になるだろうか。

超伝導と言えば、超伝導量子コンピューターという次世代コンピューターの開発も進んでいる。もしかすると、近い将来には、広大な月面に広げられた巨大太陽電池パネルの電力と、永久影の低温を武器に、月の極域のクレーターの底に超伝導量子コンピューターセンターができて、複雑な計算は月でするという時代が来るかもしれない。

場所としての資源というと、宇宙観測に最適な場所という意義もある。例えば重力波天文台という構想がある。地球上につくられた施設で二〇一五年に初めて重力波が検出され、二〇一七年にこの成果に貢献した研究者がノーベル物理学賞を受賞したのは記憶に新しい。月面には大気がなく、振動の発生源も地球に比べてきわめて少ないので、大型の高精度な重力波天文台をつくることができる。

他にも低周波電波天文台という構想がある。地球では人工の電波源が多すぎて一〇メガヘルツ以下の低周波の電波観測が難しい。そこで、地球の電波に邪魔されない月の裏側に低周波で宇宙を見る電波望遠鏡をつくろうというわけである。二〇一九年一月に人類初の月の裏側着陸を成功させた中国の嫦娥4号は低周波電波による宇宙観測を行うということなので、どんなものが見えてくるのか結果を楽しみにしたい。

そのほかにも、火星探査や火星開発のための練習場という意義もあるし、観光地としての利用もあるであろう。

取り合いになる資源

ここで、取り合いになる資源と、取り合いにならない資源を整理しておきたい。取り合いになるのは、限られた場所に存在するものだ。先に開発をはじめた国や企業に独占される可能性がある。取り合いにならない資源というのは、広範囲に存在し、取り合う必要がないものである。

ここで断っておくが、独占という言葉にあまり悪い意味を込めるつもりはない。宇宙開発はコストが極端に高いだけでなく、リターンがある保証はない。ハイリスクに挑んだ国や企業が、ある程度独占的に利益を得られる仕組みをつくらなければ、宇宙開発は先へ進まない。虎穴に入ったものが虎児を得るのは、ある意味平等なシステムであると私は考えている。どこに虎児がいるのかは、これから説明しよう。

まず、あきらかに取り合いになるのは、繰り返し述べた高日照率地域である。北極もしくは南極地域の小高い丘のような地形で、数百メートル四方といったわずかにまとまった区画が全月面で五ヵ所ほどしかない。一度探査機が降りてしまうと、別の探査機が近くに着陸することは困難なので、最初の探査機を降ろした国や企業が事実上その地域を独占することになる。二〇二〇年代にはさまざまな国が極域をめざした探査を計画しているので、高日照率地域はさっそく取り合いの状況を呈するであろう。

次は縦穴である。縦穴は地下に溶岩トンネルがある場合に、その入口として重要な地形である。現在縦穴は二〇〇ヵ所以上見つかっているが、中に溶岩トンネルのような空洞が確かにありそうな縦穴は「かぐや」が見つけた三つくらいである。観光開発をするとすれば、地球が見える表側の穴が良いだろう。

一方で、溶岩トンネルを基地利用することを考え、入口の穴は天然の縦穴を利用せず、人工的に開けることを考えれば、利用可能な場所はずっと広がる。その場合は競争的に開発する必要性は減る。ただし、数十メートルの厚さの天井に穴を開ける工事は簡単ではないだろう。ダイナマイトは真空の月でも爆発させることができるが、すべての破片が大気で減速されることなく飛んでいく月環境で使うのはかなり危険だ。月面での土木工事は、月面の環境を考えた特別な配慮が必要となる。

次にある程度場所が限られた資源はというと、永久影であろう。永久影は複数のクレーターの底に広く分布しているので、氷を採掘できる面積は広大だが、むしろ、採掘基地となる永久影近くの日照率が高い地域が取り合いになりそうだ。また、永久影に水資源が見つかったとして、どのクレーターの底の永久影も、同程度の水を含んでいるかどうかはわからないことには注意しておきたい。着氷の起源を考えると、クレーターごとに水の量が異なる原因はあまり考えられない。しかし、月の自転軸が変化して永久影の場所が長い時を経て変わってしまっている可能性も考慮すべきだろう。

その次に場所が限られると考えられるのは、核燃料鉱床である。前に述べた火山ドーム、ハンスティーン・アルファは三〇キロメートル四方ほどの大きさがあるし、同じようなケイ素の多いマグマが貫入してきているらしい地域は表側に六ヵ所報告されている。また裏側のトリウム濃集地域であるコンプトン・ベルコビッチ地域も三〇キロメートル四方ほどの大きさがある。場所や面積は各国が分け合うほど十分にあるが、鉱石として十分な品位のものがあるかどうかは、今後の探査を待たねばならない。鉱石があったとすると、そのような鉱石が集中して産出する鉱脈のような部分があるかもしれず、高品位の鉱床は限られたところにしかないことが、今後わかってくる可能性もある。この資源に関しては、存在も含めてもう少し探査が進まなければ判断できない。

取り合いにならない資源

そのほかの資源はそれほどあわてて取り合わなくても、月のあちこちで手に入る。鉄やチタンはチタン鉄鉱から得られる。鉄を含む鉱物は他にもたくさんあるが、チタン鉄鉱は月の鉱物の中では、比較的低いエネルギーで酸素をはずすことができる鉱物なので、もっぱらチタン鉄鉱が採掘されることになるであろう。同様に酸素を取り出す鉱物としても使いやすい。また、太陽風起源の水素もチタン鉄鉱により多く保存されるという研究データもある。こうなると、チタン鉄鉱の取り合いになりそうであるが、結構あちこちにあるので安心だ。

チタン鉄鉱は、海を構成する玄武岩の中に含まれている。玄武岩溶岩によってチタン鉄鉱を含む割合は場所によって大きく異なる。図26は酸化チタン（TiO_2）の量で玄武岩を塗り分けた図である。TiO_2を五質量パーセントよりも多く含む部分だけを採掘対象としても、海全体の半分程度はある。あわてて独占する必要はない。

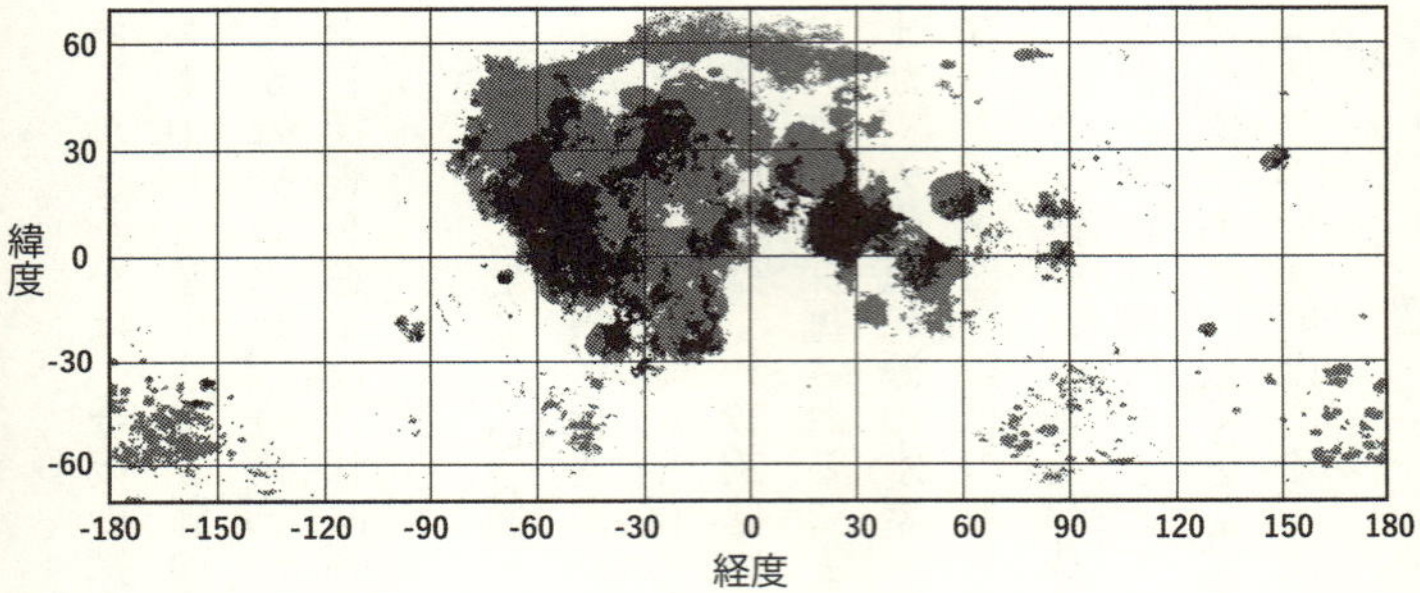

図26　酸化チタンマップ
月の海の玄武岩（灰色）のうち、酸化チタンが５質量％以上あるところ（濃い灰色）を示す。月周回衛星「かぐや」のデータをもとに作成。中央の経度０度、緯度０度が月の表側の中心

太陽風の粒子の水素やヘリウム３もやはり、月全体に降り注ぐ。ただし、降り注ぐ量は月の場所によって差があるようで、地球に近い表側の赤道付近が最も少なく、地球から遠い裏側の赤道付近が最も多くなる。しかし、ヘリウム３が鉱物表面に突き刺さり保持される量はチタン鉄鉱が多いので、降り注ぐ量よりもチタン鉄鉱の量を気にした方が良さそうである。

また、永久影では、低温ゆえに水素やヘリウムの保持の効率がずっと高い可能性がある。永久影はチタン鉄鉱がほとんどない高地に分布しているが、水素やヘリウム３が保持されていないか探査する必要がある。水素やヘリウム３の月面でのふるまいはまだわからない点が多いので、今後の研究が待たれる。

アルミニウムは高地の主要構成鉱物である斜長石

に含まれる。斜長石は海の玄武岩にも高地の斜長岩にも豊富に含まれるので、基本的に月面のどこでも採掘できる。もちろんほとんどが斜長石でできている高地の斜長岩を掘ったほうが効率は良さそうだが、高地限定でも月全体の八四パーセントの地域ということになるので、争って取り合う必要は全くない。なお、アルミニウムを取り出す過程でケイ素や酸素も得ることができる。

第6章 月と太陽のエネルギーを活用せよ

月面での主なエネルギー源は太陽光発電であり、200年後に主流となっているのもやはり太陽光発電であろう。しかし、その間をつなぐためには、核燃料を採掘して使う必要があるかもしれない。本章では太陽エネルギーや核エネルギーの利用方法やそれぞれの特徴について解説する。また、核融合技術の実用化によって、月に豊富にあるヘリウム3が人類の夢のエネルギー源になる可能性も紹介する。

太陽エネルギー

月を探査・開発するときに最初に頼りにするのは太陽エネルギーであり、そして、遠い未来に最後に頼りにするのも太陽エネルギーになると私は考えている。本章を読めば、読者のみなさんにも納得いただけることだろう。

地球の大気表面に垂直に入射する太陽エネルギーは一平方メートルあたり、約一三六六ワットにもなる。この値を太陽定数と呼ぶ。太陽からの距離は月も地球もほとんど同じなので、大気のない月には、このままのエネルギーが降り注いでいる。地球の場合は大気によって散乱吸収されてしまうので、地表に届く光は場所にもよるが、約一〇〇〇ワット程度に下がる。

このうちどのくらいのエネルギーを人類は使えるだろうか。まず、地球の場合で考えよう。現在の家庭用の太陽電池のエネルギー変換効率は、良いもので二〇パーセントくらいということなので、まず、この割合をかける必要がある。また、先の一平方メートルあたり一〇〇ワットという数値は、太陽が真上にあるときの値である。斜めに入射したときは照らす面積が広がるので、一平方メートルあたりに降り注ぐエネルギーは減る。太陽電池パネルを屋

$$(6370 \times 1000)^2 \times 3.14 \times 1000 \times 0.2 \fallingdotseq 2.5 \times 10^{16}\text{ワット}$$

太陽電池パネルで発電可能な電力量

根に設置している家庭では、設置の際に太陽の入射角度を気にしたはずである。地球に降り注ぐ太陽エネルギーを最大限活用したいと思ったら、太陽電池に太陽の光が垂直に入射するように、ひまわりのように太陽方向に太陽電池パネルを向けることである。太陽電池パネルをひまわり畑のようにびっしり立てればいいように思えるが、実際は太陽の高さが低い時には、太陽電池パネルの影が別のパネルに落ちてしまうので、びっしり並べてもあまり意味がない。

最大限影が重ならないようにうまく並べたらどうなるかと言うと、ちょうど地球の直径と同じ円盤の面積が、最大限に太陽電池パネルを設置した時のパネル面積となる。

このときの発電量を考えてみよう。地球の半径は、約六三七〇キロメートルで、地表に降り注ぐ太陽エネルギーは一平方メートルあたり約一〇〇〇ワット、太陽電池パネルのエネルギー変換効率を二〇パーセントとすると、発電量は、約二・五の一〇の一六乗ワットとなる。

米国エネルギー情報局によると二〇一二年の全世界の発電量は約二一兆五六〇〇億キロワットアワーで、二〇四〇年の予測は三五兆四五〇〇億キロワットアワーということである。

先に計算した発電量の単位の一ワットは一秒間に一ジュールの仕事をするエネルギーの量である。一ジュールの仕事というのは、約一〇〇グラムの物質、リンゴなどを思い浮かべていただいてそれを地球の重力に逆らって一メートル持ち上げる仕事ができるエネルギー量ということである。

一方で発電量の単位の一ワットアワーは一ワットの消費電力の電気製品を一時間使う時の電力量ということになる。太陽電池の発電量を一年間分のワットアワー相当にするためには、二四時間と三六五日をさらにかければ良いので、計算してキロに換算すると発電量は、約二・二三の一〇の一七乗キロワットアワーとなる。一兆は一〇の一二乗なので、太陽光発電可能な量は二〇四〇年の予想発電量と比べても実に約六四〇〇年分に相当する。

もちろん地球全体を太陽電池で覆ってしまっては、農業もできないので、無茶な話であるが、六四〇〇年分ということは、逆に地球の表面積の六四〇〇分の一を太陽電池のために使うだけで、地球の電力はすべてまかなえるということになる。太陽電池パネルの効率がよくなれば、発電電力量も増える。地球の未来のエネルギー源は太陽電池になることは疑いない。

考えてみれば、現在のエネルギー源も多くは太陽エネルギーである。石油や石炭や天然ガスの大部分は過去の生物の遺骸を起源としており、そこに閉じ込められたエネルギーは元をたどれば、当時の食物連鎖の底辺にいた植物が光合成によって太陽エネルギーを物質に固定したものである。人類は鉄鉱石という過去の生命活動の遺物で現代文明を支えているという話をしたが、エネルギー源である石油や石炭もやはり過去の生命活動の遺物なのだ。

現代に生きる人類は、地球の歴史の中で化石燃料に蓄積されてきた過去の太陽エネルギーを一〇〇年ほどの短期間に一気に活用することによって、あっという間に文明社会を築くことができた。もし、ここで人類が滅びてしまって、地球に別の知的生命が進化してきたとしたら、化石燃料という財産が使い果たされてしまっているので、文明社会を築くのは人類ほど簡単ではないだろう。

また、他の惑星で知的生命が誕生したとしても、進化が早すぎたり地殻変動が激しすぎたりして化石燃料がたまっていない惑星であれば、人類ほど急速に科学技術を発達させることはできないだろう。

現代に生きる人類は、地球史上最も甘い汁を吸って生きている。だから化石燃料を完全に使い尽くしてしまう前に、太陽電池の発電効率や設置技術を高めて、太陽電池でエネルギーをまかなえる文明へと進化しなくてはいけない。これは、甘い汁を吸っている我々の世代の責務である。

話を現代の月にもどそう。月では大気による太陽光の散乱や吸収がないので、地球の地上の約一・三倍のエネルギーの太陽光が降り注ぐ。化石燃料を運んだところで、燃やすための酸素をつくったあとでなければ使い物にならないので、月の最初のエネルギー源は太陽電池ということになる。

地球の未来のエネルギー源は太陽電池だと言ったが、地球の土地は利用可能なところはすでに活用されているし、海に太陽光パネルを設置するのも大変だ。そこで、月に太陽電池パネルを設置して、そこで発電した電気を電波などで地球に送電しようというアイデアもある。

月面で熱エネルギーが欲しい時には、太陽光を鏡で集めることで太陽電池よりも効率よく熱エネルギーを利用することができる。レゴリスを溶かして固めてブロックを作ったり、岩石を溶かして元素を取り出したりする熱源は、この太陽光炉を使うことになるだろう。

水素

太陽電池さえあれば月のエネルギー源は大丈夫かというと、そうではない。用途によって使いやすい形というものがある。使い勝手の良いエネルギー源として紹介したいのが水素である。電気エネルギーと違って水素の良いところはロケットの燃料になるところだ。

宇宙探査に詳しい方は、「はやぶさ」や「はやぶさ2」は電気推進じゃなかったっけと思われるかもしれない。確かに電気推進のエネルギー源は電気と言えるが、ロケットが推進するためには物質を後方に打ち出す必要がある。

オフィスにあるようなキャスター付きの椅子の上に座っている人がバスケットボールを勢いよく投げると、投げた人は椅子ごとボールと反対方向に少し動く。このことは作用反作用の法則と言ったり、運動量保存則と言ったりするが、要は質量のある物質を後方に高速で打ち出す反動でロケットは前に進んでいる。

はやぶさの電気推進の場合はキセノンガスに電磁波を当ててキセノンイオンと電子に分解し、+の電気を帯びたキセノンイオンを高電圧で加速して後方に打ち出すことでロケットを前へ進めている。

水素をロケット燃料とする時のロケット推進の仕組みは以下のとおりだ。水素と酸素とを反応させて爆発させると、反応してできた水分子が、爆発のエネルギーで後方に高速で打ち出される。その反動でロケットが前に進む。

ここで、余談を続けて、よくある誤解を解いておきたい。水素も水も燃料だと思っている方がしばしばいる。水素は燃料であると言えるが、水は生成物でそこからエネルギーを取り出すことは難しい。水素と酸素を反応させると水とエネルギーができる。これは、水素分子と酸素分子が内部に持っているエネルギーの合計が、それらが反応してできる水のエネルギーよりも大きいので、余分のエネルギーが取り出せるという仕組みである。逆に水を水素と酸素に分けるためには、外からエネルギーを加える必要がある。水を電気で分解して酸素と水素にできるのは、電気のエネルギーを加えているからである。水の電気分解は、水を変化させてエネルギーを蓄積する仕組みとして活用することもできる。

第3章で水がロケット燃料になるという話をしたが、それは、太陽電池で発電した電力を使って水を電気分解して水素をつくることができるという意味である。つまり、そのロケットを推進させるエネルギーはもともと太陽電池で発電したエネルギーだ。しかし、ロケットは高速で物質を後方に打ち出す必要があるので、ロケット燃料として使える水素という形態であることが重要なのである。

では水素はどこで得られるか。すでに紹介したとおり極地の氷を電気分解するという方法がある。しかし、もし極地に氷がなかったとしても水素を得る方法がある。それは、月のレゴリスを六〇〇度C程度に加熱するという方法である。レゴリスには水素がくっついているから、それが蒸発して出てくるのだ。

この水素はもともとどこから来たかというと、太陽からである。太陽からは、水素やヘリウムなどの微粒子が秒速三〇〇～八〇〇キロメートルというスピードで飛んできている。それらを太陽風と呼ぶ。

太陽風として飛んできた水素やヘリウム原子は月表面の鉱物に衝突すると、最大〇・二ミクロンほどめり込む。浅くめり込んだ粒子は、だんだんと表面にしみ出してきて最後には蒸発してしまうが、深いところにめり込むとなかなか出てこられないし、後から後から新しく打ち込まれてくる粒子があるので、鉱物表面には常にある程度の太陽風物質が含まれることになる。

打ち込まれた粒子がどの程度鉱物の表面に滞在できるのか、鉱物ごとにどの程度違うのか、ということはまだよくわかっておらず、今後の研究の課題となっている。ただ、チタン鉄鉱という鉱物には比較的太陽風成分が残りやすいことが知られている。

水素の良いところは、石油のように採掘したら枯渇する資源ではなく、後から後から太陽から新たに供給される持続可能なエネルギー源であるところである。将来は何平方キロメートルもあるような区画から水素を取り尽くしたら、別の所に移動してまた採掘するという、遊牧のような運用をすることになるだろう。実際のところ、一〇〇年単位で寝かせておいても復活しなさそうなので、人間の時間感覚からすると、持続可能と言うのは言い過ぎかもしれない。どのくらい寝かせておけばいいのかというのも、これから研究すべき課題である。

月開発ではこの水素を月から地球に帰る時の燃料や、月から火星へ飛び立つ時の燃料として活用することになる。

ヘリウム3

太陽風の成分で、もう一つの重要なエネルギー源がある。それがヘリウム3である。ヘリウムガスというと、空中にフワフワと浮く風船を思い浮かべる方もいるだろうが、その中はほとんどがヘリウム4という物質である。ヘリウムの後ろにつく数字は原子核を構成する陽子と中性子の数を足した数である。陽子の数で元素の名前は決まる。陽子が一個だと水素、陽子が二個だとヘリウム、陽子が三個だとリチウムという具合である。陽子の数を原子番号とも言う。

一方で、中性子の数は同じ原子でもいろいろな数があり得るが、天然に存在する割合は中性子の数によって大きく異なる。地球ではヘリウム4（陽子二個と中性子二個）がヘリウムのほぼすべてで、ヘリウム3（陽子二個と中性子一個）はヘリウム4の一〇〇万分の一ほどしかない。しかし、太陽風に含まれるヘリウムには、ヘリウム3は〇・〇一四パーセント入っている。それでも微量ではあるが、地球に比べると、一〇〇倍以上高濃度で入っていることになる。

このヘリウム3は核融合の燃料になると考えられている。核融合とは、原子と原子を融合させて別の種類の原子をつくることであり、その際に莫大なエネルギーを取り出すことができる。水素爆弾も核融合のエネルギーを使っているし、太陽も核融合でエネルギーをつくり出している。

ヘリウム3を使った核融合の仕組みは第5章で述べた。原子力発電で使われる核分裂反応は中性子を発生させて、それが当たった周りの物質を放射性物質に変えてしまうが、ヘリウム3を使った核融合は、中性子を発生させないために放射性廃棄物を大量に出さないというメリットもある。

ヘリウム3は水素と同様に太陽風物質としてレゴリスに突き刺さっている。月のレゴリスからヘリウム3を抽出してスペースシャトル一杯分（二五トン）を持ち帰れば、アメリカ合衆国全土で使用される全エネルギーの一年分を発電できるという試算がある。これは一キログラムあたり一億円の輸送コストをかけたとしても、十分に元が取れる資源である。

核融合発電は放射性廃棄物を出さない夢の発電方式として、原子力が利用され始めた第二次大戦後からずっと研究が続いている。しかし、残念なことにまだ実用化されていない。突然課題が解決され、実用化される科学技術は常に存在する。商業利用できる核融合発電プラントをつくる計画のうわさも聞かれるようになってきた。二〇一八年十一月には中国の核融合実験装置で核融合反応に必要な温度レベルである高温プラズマの電子温度で一億度Cを達成したというニュースも流れた。商業利用できるようになるのは案外何十年も先の話ではないのかもしれない。

地球の未来のエネルギー

では地球のエネルギーは、ヘリウム3を使った核融合発電になるのか、というと、私はそうは考えていない。先に論じたように未来の地球のエネルギーはやはり太陽エネルギーとなるだろう。

石油、石炭、天然ガスなどの化石燃料は有限なので、それが枯渇するまでに、太陽エネルギーを有効利用できるレベルにしておくことが、現在の人類の責任であると言える。化石燃料はエネルギー源として燃やしてしまうのではなく、プラスチックや潤滑剤の原料として末永く使えるように残しておくのがよいだろう。

現在の原子力発電に使われている核燃料も、使えば枯渇してしまう有限の資源だ。今の人類が化石燃料や核燃料を使い尽くすまでに、太陽エネルギーを有効に使えるシステムに移行できなければ、次の世代の人類にエネルギー不足という大変な迷惑をかけることになる。

核燃料には、重要な未来の使い道がある。それは、太陽から遠く太陽電池では十分なエネルギーが得られない木星や土星の衛星や、さらに遠い惑星の探査や開発をする時のエネルギー源としてである。これら外惑星エリアでは、核燃料を使った原子力電池が必須となるだろう。また、巨大隕石衝突や、カルデラ破局噴火といった大規模火山活動によって、長年にわたって地上に十分な日照が得られなくなることも、人類はいずれ経験する。そのときには、核燃料が人類存続の命綱になるはずだ。

この章のしめくくりとして、地球の未来の姿かもしれない、ダイソン球という考えを紹介したい。これは、アメリカの物理学者フリーマン・ダイソンが一九六〇年に提案したもので、高度に発達した地球外の文明は、恒星の発する熱や光を活用するために、恒星全体を巨大な球体の人工物で覆っているかもしれないという考え方である。この球体をダイソン球と呼ぶ（図27）。この章の冒頭で地球で利用可能な太陽エネルギーを計算したが、地球に当たる太陽光だけでなく、太陽から発するエネルギーをすべて利用しようという考え方である。

図27　太陽を巨大太陽電池構造体で覆った完全ダイソン球
中が見えるように一部を切り欠いている

このダイソン球は地球外生命を探す天文学者の間では重要なアイデアとなっている。系外惑星発見以前の時代は、地球に似た環境の惑星を探す時、太陽に似た恒星に狙いをさだめて電波を送ったり、そこから来る電波を傍受したりしていた。しかし、ダイソン球を持つほどの文明があれば、地球からは、彼らの恒星は見えず、廃熱によって赤外線領域で薄暗く光るダイソン球しか見えないかもしれない。

現在は、地球外知的生命を探す際に、そのようなダイソン球や、完全に恒星を覆わずに、リング状など部分的に恒星を覆った人工物を探すことも試みられている。逆に高度に文明を発達させた宇宙人が地球を観測したら、未だ部分的なダイソン球も建設していない段階の文明なのだな、と即断されることだろう。

第7章

食料を生産せよ

人類が月面に長期滞在するためには、食料を現地調達する必要がある。2019年1月に月の裏側に着陸した中国の月探査機では、月での食料生産を意識した実験が行われた。月面には食料の主要成分である炭素がほとんどないなど、農業をはじめるにあたってクリアしなくてはならない問題が山積している。本章では養分、放射線など、解決が必要な課題を挙げ、月や火星での食について考える。

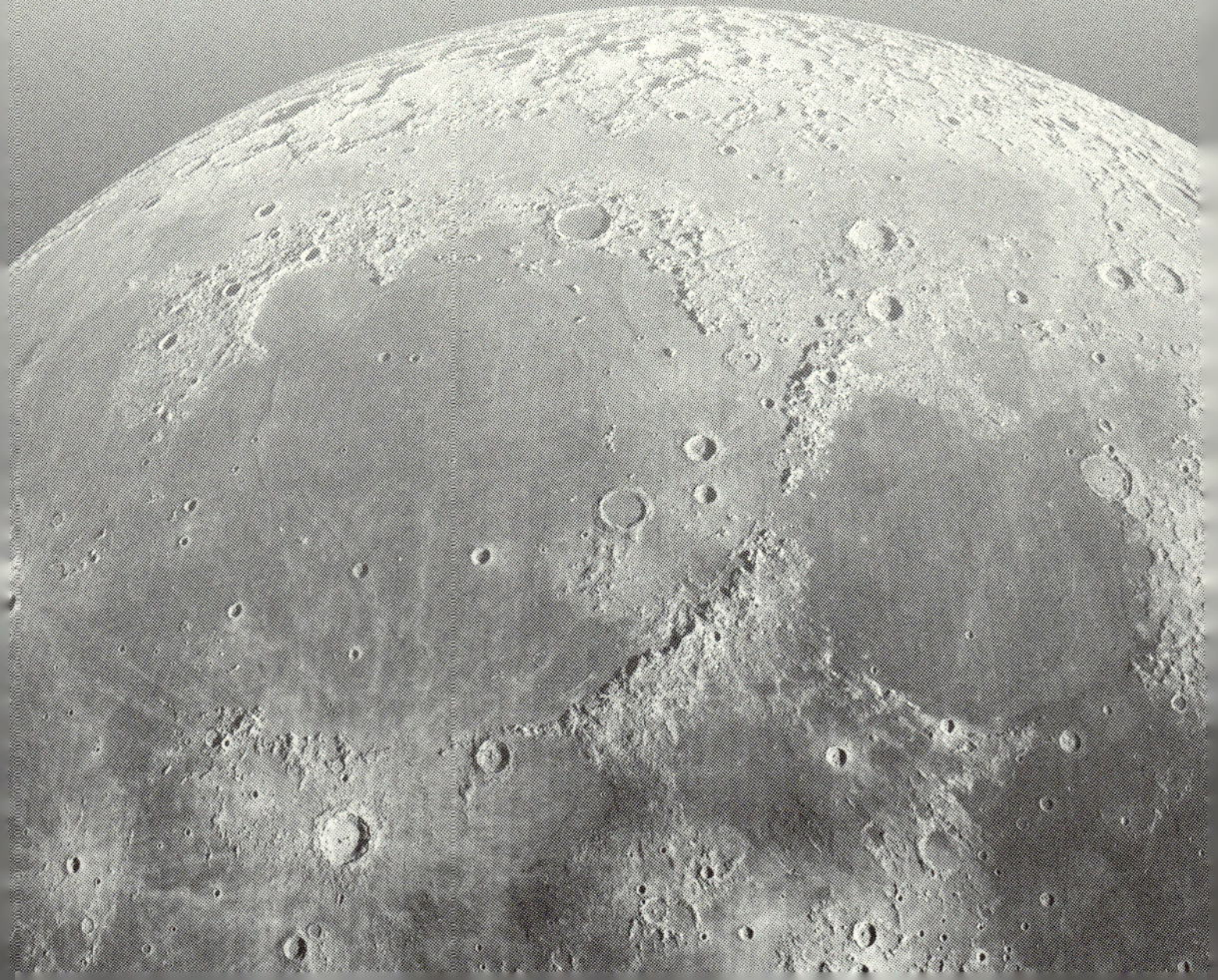

嫦娥4号の実験

二〇一九年一月四日、中国の月着陸探査機嫦娥4号が月に着陸した（図28）。中国は二〇一三年に嫦娥3号で、既にソ連、アメリカに次ぐ三番目の月着陸を成功させているが、二〇一九年の着陸は、月の裏側への着陸という世界で初めての大成果であった。中国は月開発を本気で、そして、まじめにコツコツと進めている。この嫦娥4号には面白い実験装置が積み込まれている。生物科学普及試験ペイロードボックスと呼ばれている生物実験装置である。

中国の科学技術のニュースサイト、サイエンスポータルチャイナによると、このボックスは特殊なアルミ合金製で、直径一七三ミリメートル、高さ一九八・三ミリメートル。内部には六種の生物のほか、一八ミリリットルの水、土壌、空気、気温調節装置、生物の成長状況を記録する二台のカメラがあり、総重量は二・六〇八キロ、生物の成長空間は一リットル前後ということである。

二〇一七年の人民日報の情報では、搭載される生物は、カイコとジャガイモとシロイヌナズナということだったが、二〇一九年一月の上記ニュースサイトの情報では、綿花、アブラナ、ジャガイモ、シロイヌナズナ、酵母、ショウジョウバエの卵の六種の生物が搭載されたということである。

その後、綿花の発芽に成功したものの、枯れてしまったというニュースが流れた。枯れた

図28　嫦娥4号
㊤ 月の裏側を走行する嫦娥4号の探査車「玉兎2号」。着陸機から撮影（Imaginechina/ アフロ）
㊦ 月の裏側に着陸した嫦娥4号の着陸機。玉兎2号から撮影 (China National Space Administration/ 新華社 / アフロ)

原因については、月の夜の温度低下によるものと説明された報道が多かったが、実際のところは、CNNが一月十八日に報じた、生物実験を主導した重慶《じゅうけい》大学の謝更新教授の「温度管理は行っていたものの、気温は午前十時半現在で三〇度Cを超えていた。この温度では多くの植物は発芽できない」というコメントが真相だろう。探査機を暖める装置は電力さえあれば簡単だが、冷却するのは他所に熱を逃がす必要があるので、難しい。これは私の憶測であるが、設計段階は温度がそこまで上がる予想はなく、積極的に冷却する装置は搭載されていなかったのではないだろうか。

実験は一〇〇日続く予定だったそうだが、残念ながら初期の段階で終わってしまった。しかし、搭載された生物群を見ると、中国が月で農業をしようと考えていることがわかる。シロイヌナズナというのはあまり聞いたことのない植物かもしれないが、ゲノムのサイズが小さいため植物の中で最初に全ゲノムの解読が終了しており、研究材料としては大変重宝する。また、ショウジョウバエも世代を超えた遺伝情報の伝達の研究によく使われる。これらは、生物への放射線の影響を調べるための基礎研究であった可能性が高い。アブラナや綿花も同様にゲノム研究によく使われるという理由で選ばれたのだろう。

もし、宇宙で綿花栽培を考えているとしたら、火星移住などかなり先を見越した研究ということになる。ジャガイモは食用として宇宙で育てることを意識しているように思う。映画

「オデッセイ」でもジャガイモが、栽培して増やしやすい栄養源として活用されていた。

どうやら月着陸機へ搭載する生物を選ぶ過程でショウジョウバエと交代になってしまったようだが、カイコは宇宙で育てる動物として大変重要視されている。カイコは人類が何百年もの間品種改良を続け、狭いところで飼育するのに便利で、質の良い絹糸をつくり出すように改良されつくされた昆虫である。その結果、蛾になっても飛べず逃げられないため、野生種と交雑する心配もないということで、現在は遺伝子を組み替える研究などにも積極的に使われている。食用としても栄養豊富なので、宇宙では、食料兼絹糸の製造兼遺伝子組み替えによる生体合成物質製造という三つの役割を持つ生物として育てられることだろう。

食料に必要な元素

初期の月基地では地球から持っていった食料で生活することになるだろう。しかし、輸送コストを考えると、早い段階である程度自給自足をする必要があろう。また、人間の呼吸で発生する二酸化炭素や、人間の排泄物をリサイクルするためにも農業を考えなくてはならない。

月での農業を考えるときに、元素の問題がある。動植物の原材料を元素で考えると、酸素（O）、炭素（C）、水素（H）、窒素（N）、カルシウム（Ca）、リン（P）あたりが主要な成分となる。生命に必須の元素は他にもあるが、微量で済むものは輸送コストを気にせずに地球から運べるので、ここでは主要構成元素だけで考えてみよう。

酸素は岩石の主要元素であると第4章で紹介した。水素は太陽風起源のものが月にたくさんあることを第3章で示した。まず、クリアすべき問題は、炭素と窒素である。炭素も窒素も大気を持つ惑星には豊富に存在する。例えば、火星の大気は九五パーセントが二酸化炭素で窒素も三パーセントほどある。金星の大気の二酸化炭素と窒素の割合も火星とほとんど同じだ。しかし、月は巨大隕石衝突による加熱や、マグマの海時代の蒸発によって、マグマが固まった時にできる鉱物に入りにくい炭素や窒素などは宇宙に飛んでいってしまったと考えられている。

月表面の岩石には炭素が含まれていないので、地球から持っていく必要がありそうだ。しかし、月で見つかる可能性もある。それは隕石だ。はやぶさ2が探査をした「リュウグウ」という小惑星は炭素をたくさん含んだ小惑星だと考えられており、同様の化学組成を持つ小惑星から地球に飛んできた隕石が炭素質隕石という種類の隕石だと考えられている。炭素質隕石は地球だけでなく月にも落ちているはずだ。衝突の時に加熱されて蒸発してしまう場合もあるだろうが、大部分が残って地中にめり込んだものもありそうである。それらを掘り出せば、炭素資源として使える可能性がある。

また、将来、炭素をたくさん含んだ小惑星を月の近くまで引っ張ってきて、炭素の供給源として使うことも考えられる。大量に炭素があれば、鋼鉄の原材料としても使える。

一方で窒素は難しい。窒素を比較的多く含む炭素質隕石でもその量はわずかである。こればかりは地球から肥料として運ぶしかないだろう。

カルシウムは月の鉱物にも入っているので現地調達できる。リンは難しい。リンは地球表面でもあまり豊富にない元素なのに、不思議と生命はリンを大量に必要とする。リンは隕石にはわずかに入っているが、これも地球から運んだ方が効率がよさそうである。

農業生産が軌道に乗れば、あとはうまくリサイクルすれば、人類の数が増えない限り、新たに生命必須元素を補充する必要はなくなる。人間の体重が増えた分は、元素が人体に取り込まれたことになるが、月基地全体で考えると、各元素の原子の総数は、月基地から何かが漏れ出さない限り、一定だ。人間の排泄物を集めて植物を育て、さらにその植物から動物を育てて人間の食料とするサイクルをうまくつくれば、新たな物質の追加なく完全な自給自足が実現できる。人間の吐き出した二酸化炭素も植物が酸素にもどしてくれる。ただし、最初のサイクルをつくるための動植物の材料分は最初に月基地に集めてこなければならない。

もちろん、排泄物を残らず食物に変換するためには、どういう動植物を組み合わせればよいかという研究も重要である。

昆虫食が最初のメニュー？

私は宇宙では昆虫食が当たり前になるのではないかと考えている。いや、宇宙だけでなく、地球でも昆虫食をもっとはやらせる必要があるかもしれない。

国連食糧農業機関の資料によれば、昆虫食のいいところは、餌の量が肉の生産量の割に少量であることが挙げられる。例えば牛肉一キログラムを生産するのに、飼料が八キログラム必要なのに対し、昆虫であれば、二キログラムの飼料でよいそうだ。また、昆虫の飼育は水や場所をあまり必要としないということも大きなメリットである。

これらは宇宙だけでなく、将来の地球にとっても、大きなメリットとなる。地球もそのうち温暖化や氷河期、もしくは大規模な火山活動や隕石衝突などによる気候変動で、農業生産量が激減する時期が来るかもしれない。そのような時に人類を救うのは昆虫食かもしれない。

私も、いなごの佃煮などはおいしくいただくが、なかなか他の昆虫を食べる勇気はない。昆虫食に興味が湧いて何冊も昆虫食の本を買って読んでみたが、昆虫料理の写真を見ているうちに気持ちが悪くなってしまった。しかし、食べ慣れたエビやカニやシャコなども、よくよく見ればかなり不気味な形をしている。要は慣れの問題であろう。

一方、タンパク源は昆虫食で解決するかと言うと、そう簡単に割り切れるものではない。

問題はアレルギーである。大人でも突然、ある種のアレルギーを発症することがある。例えば、突然、牛肉アレルギーが発症するという場合もあるし、突然、昆虫肉アレルギーが発症する可能性だってある。地球周回衛星や短期の月旅行であれば、ある種の食材が食べられなくなっても、なんとか地球まで帰還できるであろう。しかし、月での長期滞在や、火星への移住であったらどうだろうか。もし、タンパク源を昆虫に依存していて、火星に移住した後で昆虫アレルギーを発症したら、生命の危機になり得る。食材の多様性は美食のためというよりも、アレルギー対策として、ぜひ考えておかねばならない。

近年、動物の細胞を直接培養してつくる培養肉の研究も進んでいる。食の多様性を短期間で達成する方法として、今後の開発の行方に注目しておきたい。

月での農業のイメージ

月の農場はどのようなものになるだろうか。空気がないから露地栽培というわけにはいかない。では未来想像図にあるようなドーム状のガラスで覆えばよいかというと、それだけではまだ問題がある。

序章で述べたとおり、月の昼は地球時間の二週間、夜もやはり二週間続く。それでも大丈夫な植物もあるかもしれないが、ほとんどの植物は毎日太陽光に当たる必要があるだろう。

そうなると、LED光源などによる照明の光で育てる必要がある。

また、月は表側の昼間で地表温度が一二〇度C、夜間の地表温度はマイナス一七〇度Cになる。温度を一定に保つためには断熱された壁があった方がよいので、透明のドームよりは、厚い断熱性の高い壁に閉ざされた空間で栽培されることになるだろう。

もう一つの大きな問題は宇宙放射線である。地球では地球の磁場と厚い大気で宇宙からの放射線のほとんどが地表に届かなくなっているが、月にはどちらもないので、強い放射線が当たる。強い放射線は地球のすべての生命に対して有害なので、遮蔽する必要がある。宇宙放射線を遮るためには、月のレゴリスで壁をつくるとすると、厚さ数メートル以上必要だと考えられている。

以上のことから、月の農業は厚い壁で覆われた基地の内部で人工照明を使って行われるということになりそうである。第5章で述べた縦穴の内部にあるかもしれない溶岩トンネルは、放射線遮蔽という点からも、温度変化が少ない点からも、農業工場をつくるのによい場所と言える。

第8章 月から太陽系へ船出せよ

日本は、アメリカ、ロシア、ヨーロッパ各国と共同で、2025年から月を周回する国際宇宙ステーションを建設・運用しようと計画している。そして、そこを拠点に、月面基地や月面氷掘削施設、ロケット燃料製造プラントを建設する予定だ。また、月面で得られる燃料によって、さらなる月開発、火星開発を加速する計画である。一方、中国は独自の戦略で着々と宇宙開発を進めている。これから月の周りで、そしてその先の宇宙で何が起こるかを見ていこう。

月探査・開発計画　中国の状況

月開発を近年精力的に行っているのは、中国である。二〇〇七年、二〇一〇年に嫦娥1号、嫦娥2号という月周回衛星を打ち上げた。さらに二〇一三年には嫦娥3号でソ連、アメリカに次いで、月に軟着陸した三番目の国となった。また、嫦娥3号に搭載されていたローバー（探査車）玉兎は、月面で稼働したローバーの最長記録をつくった。さらに二〇一九年一月には嫦娥4号で世界で初めての月の裏側への軟着陸を成功させた。

月の裏側は地球から見えないところなので、地球からの電波を直接探査機に届けることはできない。そこで、中国は嫦娥4号に先立って、二〇一八年に通信中継衛星、鵲橋《じゃっきょう》を打ち上げた。鵲橋は月の裏側上空にある地球と月の重力のバランスで長時間安定して宇宙空間に滞在できるラグランジュポイント2というところを中心に漂っており、地球と月の裏側との通信を中継する。

嫦娥1号・2号は月周回衛星、嫦娥3号・4号は月着陸機というように、中国は探査機を二機ずつセットで開発している。偶数番機は予備機として開発し、奇数番機が成功した場合は、より挑戦的な目標を設定して探査を実施する。大変堅実な開発計画であると言える。さらに鵲橋のような中継衛星を打ち上げてインフラを整えたり、これから行う地球への帰還を伴うサンプルリターン計画のために、ただ月を回って、なにも採集していない空っぽのカプセルを地球に帰還させるだけの嫦娥5号試験機という練習のロケットも二〇一四年に打ち上げた。中国はデモンストレーションのために月ロケットを飛ばしているのではなく、本気で月探査・開発の技術を自国のものにしようと、真剣に月開発に取り組んでいる。

中国が独自路線で暴走しているかのような報道も見かけるが、中国はむしろ、さまざまな国と協力して、アメリカが国際宇宙ステーションで宇宙国際秩序の中心国となっているように、中国を中心とした宇宙国際秩序を作り出そうとしているように見える。例えば、嫦娥4号には、オランダ、ドイツ、スウェーデン、サウジアラビアの観測機器が搭載されているし、今後も海外の観測機器を受け入れていく方針のようである。また、月の裏側と通信ができる中継衛星、鵲橋も、今後五年ほど運用する予定で、他国の月の裏側探査にも協力可能であることを表明している。

中国は、二〇一九年には嫦娥5号を表側の火山地帯に着陸させて、月からのサンプルリターンを行う予定である。さらにその先の二〇二三年から二〇二四年ころには、嫦娥6号が月の南極からのサンプルリターンを行うことになりそうである。また、今後一〇年以内に月の南極に研究用の月基地を建設すると発表している。中国は潤沢な予算と人材投入によって、嫦娥シリーズを技術的には着実に、探査目的としては世界の情勢を見ながら柔軟に進めている。アメリカの動向次第で有人探査を早める可能性も十分に考えられる。

アメリカの状況

中国が急速な月探査・開発を進めている間、アポロ計画で人類を月に送り込んだアメリカは何をしていたのであろうか。月探査から手を引いたかに見えるかもしれないが、無人探査で着実な成果を上げ続けているのはアメリカだ。一九九四年のクレメンタインや一九九八年のルナ・プロスペクターは月を周回して月全体の観測を行い、月にはアポロ計画で探査したところ以外にも興味深い場所がたくさん残っていることを世界の研究者に知らしめた。月科学に大量の科学者がもどってきたのは間違いなくこの二つの探査のおかげである。南極エイトケン盆地という裏側の超巨大盆地が新たな地質地域として注目を集めたり、月の氷資源が真実味を帯びてきたのもこのころからである。

オバマ政権下のアメリカは月や火星への有人探査に関心を示していなかったが、その間も特色のある無人探査機を送り続けた。

二〇〇九年打ち上げのルナー・リコネッサンス・オービターは元来は有人月探査をめざし

ていたブッシュ政権下で企画されたものなので、有人探査の準備に役に立つ、最高五〇センチメートルという脅威の解像度を持つカメラを搭載している。このカメラでアポロ着陸跡を撮影して「アポロ計画は実はなかった」という都市伝説にとどめをさしたり、「かぐや」が見つけた縦穴のさらに詳しい画像を撮ったり、その後の各国の月探査をサポートする観測を行ったり、将来の月着陸計画の着陸地点の詳細画像を撮影したりと、大活躍を続けている。

また、同時に打ち上げたエルクロスは、切り離されたロケットを南極のカベウスクレーターに激突させ、そこから巻き上がる粉じんを観測して水が含まれることを確認した。

二〇一一年に打ち上げられたグレイルは、月の重力分布を調べる衛星である。直前の二〇〇七年に打ち上げた日本の「かぐや」が世界一の詳細な重力分布を観測してデータ公開していたが、グレイルはそれを超える精度のデータを出し、「かぐや」の重力分布データを完全に上書きしてしまった。NASAはこのような負けず嫌いとも言える探査を時々あえてぶつけてくる。小惑星探査機オシリス・レックスも、明らかに「はやぶさ」や「はやぶさ2」に対抗心を燃やした結果行われている探査であるが、この場合は、目的地が違うので、データはそれぞれに生きる。

二〇一三年のラディーは月上空のわずかに漂う大気成分や、塵《ちり》を観測するための衛星である。この衛星の約半年間の観測データの解析により、二〇一九年四月になって、大変興味深い論文が発表された。月に隕石群が落下するタイミングで、月の地下から水蒸気が立ち上ってくることが観測され、極付近だけでなく、月のどこでも、表面から八センチメートル以上掘れば、最大〇・〇五パーセント程度の濃度で水が付着しているというのだ。この隕石群のたびに立ち上る水蒸気が極の永久影に氷として蓄積されている期待はますます膨らむ。

トランプ政権になってからは、中国の月での大躍進も影響してか、有人月・火星探査再開へと潮流が変わった。残念ながらスペースシャトルに代わる次期大型有人ロケット、オリオンの開発は遅れているが、二〇一八年二月、アメリカは国際宇宙ステーションの代わりとなる宇宙ステーションを月周回に建設しようとしていることを米国予算教書において発表した。そしてこのステーションから月面に宇宙飛行士を降ろそうとしている。この計画には、ヨーロッパ、ロシア、カナダ、そして日本も参加する予定である。

ところが、二〇一九年五月になって、アメリカは有人月探査を前倒しで二〇二四年までに行うことに注力し、その予算を確保するために新しい宇宙ステーション計画は縮小するという発表を行った。ここ二年ほどでアメリカの月探査の方針はたび重なる変更が加えられているが、これはあきらかに中国の動向を意識したものであろう。

日本の状況

日本にも月への追い風が吹いている。二〇〇七年に打ち上げられたJAXAの大型月周回探査衛星「かぐや」は、日本における月科学の研究者を多数育成した。それ以来、久々のJAXAの月探査となるのが、二〇二一年度に打ち上げ予定の小型月着陸実証機SLIMである。SLIMは日本で初めて重力の強い天体への軟着陸を試みる計画である。また、ただ軟着陸を実証するだけでなく、写真照合技術を使って、SLIMのコンピューターが自分の持つ地図と月面の景色とを見比べて、誤差一〇〇メートルで降りたい場所に自動で降りるという挑戦も行う。私はこのSLIMに搭載される小型の分光カメラの開発を行っている。月のマントル物質が露出していると推定されている場所にSLIMを着陸させ、マントル物質の化学組成を鉱物の色を分析することによって明らかにしようという計画である。

SLIMの次には、インドと日本の共同で、月の南極の永久影の氷の存在を確認するという探査計画も検討が始まっている。うまく進めば二〇二三年ころに打ち上げられる予定だ。この計画にも、私はレゴリスに微量に付着した氷を赤外線を使って検出する装置を提案しているが、搭載機の選定はこれからなので、採用になるかどうかはわからない。

さらにJAXAはヘラクレスという計画も企画中である。ヘラクレスは、有人月探査計画の準備計画として、欧州宇宙機関、カナダ宇宙庁とJAXAが共同で進めている計画で、地球からアリアン－6という欧州宇宙機関のロケットで打ち上げ、JAXA担当の着陸機で月

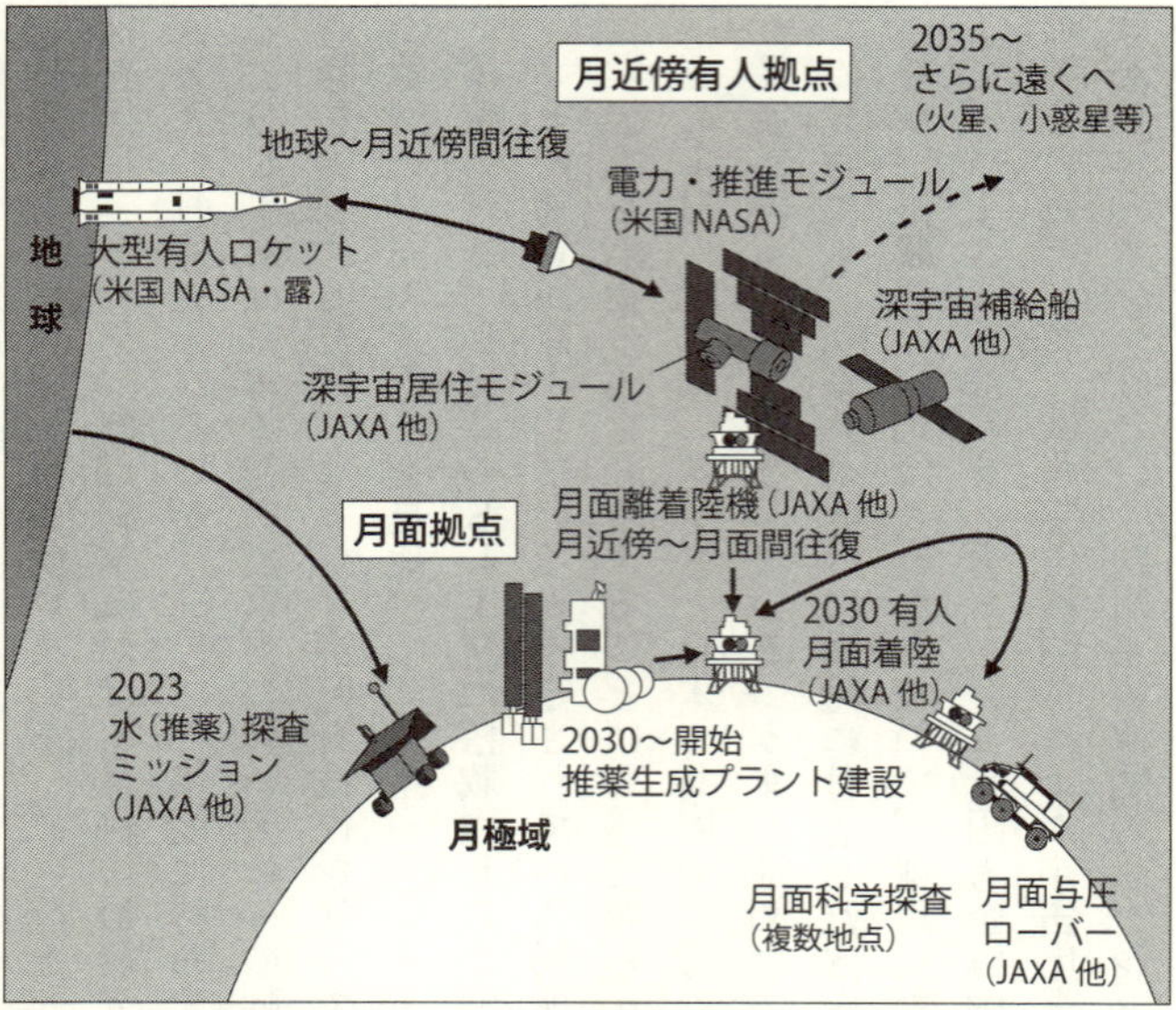

図29　月周回の国際宇宙ステーションを中心とした開発構想（JAXA の資料をもとに作成）

面に降り、カナダ宇宙庁担当のローバーにて探査とサンプル採取を行い、欧州宇宙機関担当の離陸機で、月周回の新しい国際宇宙ステーションであるゲートウェイにサンプルを運ぶ。そして、宇宙飛行士がゲートウェイから地球に帰る時にそのサンプルを一緒に持って帰ってもらうという計画である。ただし、アメリカのゲートウェイ縮小方針の影響で、計画の修正を迫られる可能性もある。

さらにその先にＪＡＸＡは月の極域に氷採掘基地をつくり、氷から燃料を生産するプラントを月面に建設し、月から地球に帰還する燃料や、月から火星へ向かう燃料を調達する構想を持っている（図29）。二〇二四年に国際宇宙ステーションは現在の運用の形を終える予定である。民間に払い下げられるのか、それとも、機能を停止するのか、現時点では決まっていない。しかし、これまで有人宇宙活動を支えていた多くの優秀な人材やこれまで蓄積してきた有人宇宙活動運用のノウハウを活かす道としての新たなビジョンが、月周回の国際宇宙ステーションであり、月面の燃料工場なのである。

日本で月探査をめざしているのはＪＡＸＡだけではない。民間会社であるispace社も二〇二一年と二〇二三年に月着陸探査機を打ち上げようと準備を進めている。月への軟着陸は、ＪＡＸＡのＳＬＩＭよりも早く実行される可能性もある。民間会社の月探査に関しては、終章で詳しく取り上げる。

そのほかの国の状況

日本ではあまり知られていないがインドは宇宙探査先進国である。日本がまだ成功していない火星衛星の軌道投入に二〇一四年に成功している。月着陸探査にも力を入れており、二〇〇八年に月周回探査機チャンドラヤーン1号を打ち上げて技術力を知らしめたが、いよいよ二〇一九年七月にチャンドラヤーン2号を打ち上げ、世界で四番目の月軟着陸に挑戦しようとしている。月着陸予定は本書印刷中あたりなので、執筆時点では結果を知らないが、成功を祈っている。また、先に述べた、日本と共同の月極域探査計画も着々と進行中である。

ロシアはもともとシリーズでの無人月探査を企画していた。他国と同様に、極域の氷資源を意識した探査計画や、有人基地をめざした計画を発表していたが、現在どういう計画となっているかの情報がなく、よくわからない。中国の初期の嫦娥計画には、技術協力で大きな貢献をしているようだし、現在、国際宇宙ステーションに宇宙飛行士を送ることができる唯一のロケットであるソユーズを運用している国なので、本気を出したときの実力はアメリカに匹敵するだろう。最近の動向としては、月周回の宇宙ステーション、ゲートウェイには参加を表明していたが、アメリカの方針変更で、先行きは不透明になっている。

ともかく、先に紹介した中国、アメリカ、日本を含めて、世界の月探査・開発の計画はここ二年ほどで、驚くほどのスピードで立案や修正が起こり続けている。本書出版後、半年以内にも新しい計画が続々と立ち上がっている可能性が十分にあるほど、近年の動きは激しい。

そこで、良い情報源を紹介しておきたい。それは、文部科学省の宇宙開発利用部会「国際宇宙ステーション・国際宇宙探査小委員会」のウェブサイトだ（http://www.mext.go.jp/b_menu/shingi/gijyutu/gijyutu2/071/index.htm）。

私たちが宇宙探査を立ち上げる時、多くの情報は部外秘だが、こちらの会議で公開された日から、部外秘解除になることが多い。つまりこの会議資料は、日本の最もホットな探査情報が載っていると言える。日本の宇宙探査の新聞報道の発信源も、この会議に出席している新聞記者の方々であることが多い。また、この会議には、時々、各国の探査活動の状況が火星探査、小惑星探査なども含めて、わかりやすい未来年表にまとめられて提出される。この資料はＪＡＸＡのスタッフが海外の宇宙機関から収集した最新情報をまとめて作ったものだ。この年表をチェックしておけば、各国の宇宙探査・開発のロードマップをアップデートし続けることができる。

月科学の動向

ここで、今の月探査のトレンドをまとめておきたい。近い将来の主な月探査は、(a)水氷探査、(b)火山地域探査、(c)南極エイトケン盆地探査、に大別される。どれもアポロ計画未踏の地質地域である。

(a)は第３章で解説した水資源探査である。日本とインドが共同で着陸探査を計画していることは紹介したが、ロシアや中国も着陸やサンプルリターンの目的地として狙っている。アメリカでは予算獲得に苦労しているが極域探査は常に月探査の候補に挙がっている。単に水資源の探査という意義だけでなく、大気のない天体の表面で水や太陽風の物質がどのように移動するのかという点も科学的に興味深い。

(b)は中国の嫦娥5号が、嵐の大洋の北部の火山ドーム地形、もしくはその周辺からのサンプルリターンを計画中だ。これまでの探査は着陸が容易な海地域の平原が多かったが、月の火山を直接探査したい研究者は多い。地球の火山ではマグマに含まれる水蒸気の発泡が火山爆発を引き起こしているが、元々水が欠乏していると考えられている月の火山は何が爆発を引き起こしたのか謎である。かつては一酸化炭素かと思われていたが、最近は、月のマントルには地球のマントルと同程度の水が含まれている可能性を示唆するアポロ試料の分析データも出てきており、月の火山の謎はさらに深まっている。

(c)は月の裏側の南極地方にある巨大衝突盆地である。月の表側は巨大衝突の跡を溶岩が埋めて海地域をつくっているが、裏の巨大衝突盆地である南極エイトケン盆地は溶岩に埋めたてられることがなかった。この地域を探査することで、月の表と裏とのでき方の違いや、月地殻の下にどんな岩石層があるかという地下深くの謎を解き明かすカギが隠されていると考えられている。この地域には、中国の嫦娥4号が二〇一九年一月に着陸したばかりである。五月にはNature誌に、近くのクレーターから飛んできたマントル物質候補を発見したという速報が掲載されたが、著者らも認めるとおり、マントル物質ではない解釈も可能である。また、含まれるかんらん石の化学組成もマントル物質にしては鉄分が多すぎるので多くの月研究者が首をかしげている。しかし、探査やデータの解析は続いているので、今後どのような探査データが出てくるか、期待は大きい。二〇一九年七月に打ち上げられたインドのチャンドラヤーン2号も月の裏側をめざすという情報もあったが、現在は表側南極近く（緯度七〇度）に変更されている模様である。

ちなみに、どの地域もどの探査が一番乗りするかが強調されがちであるが、どの地域も地域内での多様性は存在するので、一度の探査で解明ができると考えてはいけない。裏側高地も月の地殻に表と裏の差があるかということを検証するための重要な地質地域であるが、他地域に比べてやや地味な印象のためか、高地ゆえに着陸難易度が高いためか、現状では敬遠されている。しかし、各所の一番乗りが落ち着いたあたりで当然着目されるべき地域である。

直径一〇〇キロメートル程度のクレーターの中央にできる山である、クレーター中央丘の探査も重要である。中央丘には、衝突の反動で地下三〇キロメートル程度の深さの物質が地表に飛び出してきていると考えられているからである。この場所はＳＥＬＥＮＥ－Ｂというかぐやの次に企画されていた今や幻のＪＡＸＡの着陸探査計画での着陸候補地点であった。ローバーの不整地走行性能の問題か、もしくは、二〇〇〇メートル級の山である中央丘の近くに着陸せねばならないという着陸難易度の問題か、欧米では着目度がやや低い。

火星の探査

地球や月の次に、人類が多くの情報を得ている天体は火星だ。実は火星の地形図は地球の地形図よりも精度が高い。なぜかというと、地球は海洋や森林に覆われている場所の精度が下がるが、火星にはそれらがないからである。

火星は、主にアメリカによって精力的に探査が進んできた。最初に火星周回に成功したのはアメリカのマリナー9号で一九七一年の十一月十四日のことである。ソ連がこれにわずかに遅れて一九七一年十一月二十七日にマルス2号で追いついた。その後ソ連は一九七一年にマルス3号で軟着陸に成功。アメリカは一九七六年にバイキング1号で軟着陸に成功する。それ以降はアメリカが大きく他国をリードし、一九七七年に最初のローバー、ソジャーナを降ろした後、二〇〇四年にスピリットとオポチュニティ、二〇一二年にキュリオシティなど積極的にローバーを送り込んだ。

アメリカの素晴らしい探査で火星の風景も随分と身近に思えてきたが、火星探査はやはり難度が高い。周回探査をアメリカとソ連が成功した後で、次に成功したのは、欧州宇宙機関がマーズ・エクスプレスで二〇〇三年に、インドがマンガルヤーンで二〇一四年に周回軌道に入ったという、この二例のみである。日本は二〇〇三年に「のぞみ」で挑戦したが残念なことに失敗している。

しかし、火星探査は盛り上がり始めている。アメリカの探査機インサイトが二〇一八年に着陸したばかりだし、二〇二〇年にはアラブ首長国連邦のドバイ政府宇宙機関が三菱重工業のH－ⅡAロケットで火星探査機を打ち上げ、中東初の火星探査をめざす。また、中国も二〇二〇年に火星ロケットを、アメリカも二〇二〇年にマーズ二〇二〇という探査機を打ち上げる予定である。なお、日本は少し面白い切り口の探査を企画している。それは、火星衛星探査計画ＭＭＸである。火星衛星のサンプルリターンを目的に二〇二〇年代前半の打ち上げをめざして準備が進んでいる。

ところで、意外と知られていないが、人類は火星から岩石を持って帰ったことはまだない。しかし、火星の岩石は持っている。それは火星隕石という、火星から隕石衝突の衝撃で弾け飛んで地球に落ちてきた隕石である。二〇一九年四月の時点で国際隕石学会に登録されている火星隕石の数は、二三一個である。さらに、アメリカの火星ローバー、キュリオシティは、九〇〇キログラムという車のような大きさがあり、たくさんの観測装置を積載している。そのため、無人探査ではあっても、火星の地質や岩石について詳しい情報を集めてくれた。これらによる知見から火星の岩石や地質について、かなりの情報が集まってきている。

火星の魅力はなんといっても、最も地球に近い環境の天体であることだろう。かつては海もあったと推測されており、北半球の大部分が海だったと考えられている。また、火山活動も盛んであった。オリンポス山は周囲の地表から二七キロメートルもそびえたっており、太陽系最大の火山である。また、まだはっきりと証明されてはいないが、かつてはプレート運動もあったと考えられている。そのように地球に似た環境であったので、生命が誕生していた可能性もある。地中には微生物がまだ生きているかもしれない。

火星は行くまでが大変だが、行ってからは他の天体に比べると過ごしやすい環境である。それは地球の一〇〇分の一以下の気圧とはいえ、大気があるからである。まず月などの大気のない天体に比べてパラシュートを使って落下速度を減速でき、着陸が容易だ。火星の平均気温はマイナス六三度Cだが、大気のおかげで月のような寒暖の極端な差もなくなる。機械の熱も空気を使って冷やすことができるので、冷却は月よりはるかに楽だ。ただ、砂嵐が太陽電池パネルを覆ってしまうことがあるので、その点は注意が必要である。

火星には南極と北極に二酸化炭素と水が凍り付いた極冠といわれる氷地形が存在する。水の価値は月開発で触れたとおりである。二酸化炭素は炭素が含まれているので、農業をするには好都合だ。さらに火星にはメタンを発生する仕組みがあるらしく、水の電気分解によるロケット燃料調達だけでなく、メタンも燃料として調達可能である。

このような理由から、数百万人を超える規模の都市をつくるのは火星が最適である。移住計画として火星がよく取り上げられるのはそのためである。

火星はおそらくはかつて地球のような環境を持ちながらも、プレート運動が凍結し、大気が薄くなり、海洋が蒸発してしまうという、環境大激変を経験した惑星である。このような惑星の研究は、地球の地殻変動や気象の長期変動について、多くの知識を我々に与えてくれることだろう。また、もし生命が発見されれば、生命誕生に必須の要素は何か、生物の基本構造や進化の方向性は地球と同じなのか、他の道筋もあり得たのかなど、さまざまな疑問を解くカギが得られる。

小惑星の探査

小惑星と言えば、日本では「はやぶさ」が行ったイトカワや「はやぶさ2」が行ったリュウグウが有名である。これらはどちらも始原的な天体と呼ばれる、太陽系初期の物質が降り積もった後、ほとんどそのままの状態でとどまっている天体である。

一方で、始原的でない小惑星もある。それらは分化した小惑星と呼ばれる。分化というのは、もともと生物の細胞が卵の細胞から骨や神経や筋肉などの独特な性質を持つ細胞に変化していく様子をさす言葉であり、それになぞらえて、始原的な物質から、核やマントルや地殻などのそれぞれ特徴を持つ部分に分かれることを分化と呼んでいる。

地球に落ちてくる隕石は月や火星から来るものは稀で、ほとんどは小惑星から来ていると考えられている。そのような隕石の中には、金属鉄の塊の鉄隕石などというものがある。製鉄技術のない古代の人々が隕石の鉄である隕鉄を使って鉄器をつくった例もあるようだ。

小惑星にはたくさんの種類がある。分類方法は目的によってさまざまだが、小惑星の表面にある物質と関連付けた方法としては、地球から観測された時の色と明るさで分ける方法が使われている。色と言っても、電子機器で人間の見ることができない波長まで見て分類した色である。

デイビッド・トーレンらが一九八四年に提案した分類法が長く使われているが、彼らは小惑星をVQRSAEMCGBFTPDの一四の型に分類した（図30）。このうち、二〇一九年の時点で小惑星から物質を持ち帰った例は、「はやぶさ」がS型小惑星イトカワから持ち帰ったサンプルだけである。今後は「はやぶさ2」がC型小惑星リュウグウから二〇二〇年にサンプルを持ち帰る予定である。また、アメリカの小惑星探査機オシリス・レックスが二〇二三年にC型のサブグループであるB型小惑星ベンヌ（ベヌーと呼ぶ人もいる）からサンプルを持ち帰る予定である。

実は、「はやぶさ」探査まで、我々が手にしている隕石のふるさとが小惑星だと自信を持って言える状態ではなかった。それは、小惑星の色が隕石の色と微妙に違うからである。月の岩石の研究から、大気を持たない天体の表面は、微小隕石の衝突による加熱や宇宙放射線

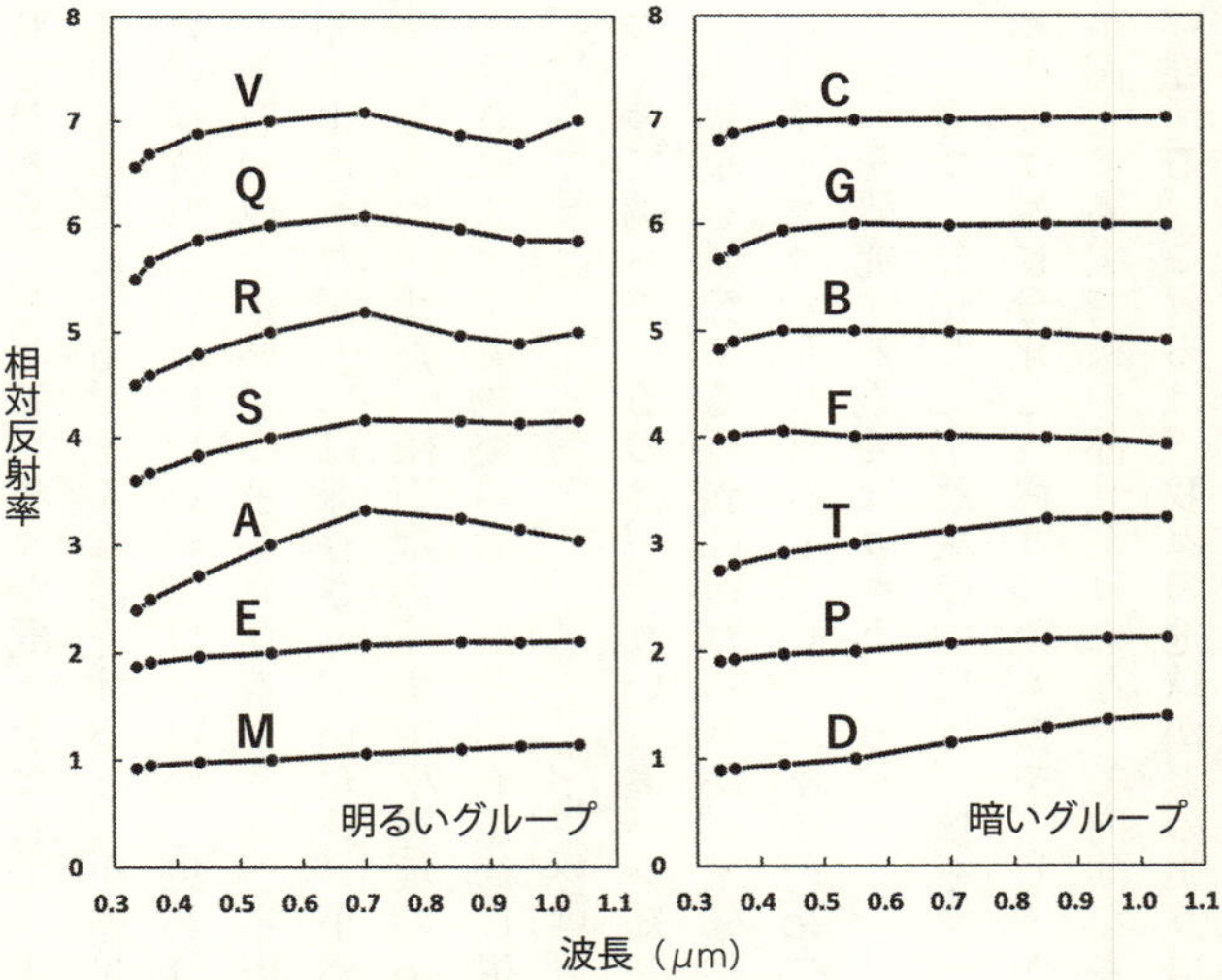

図30　小惑星のスペクトル型による分類の図
トーレンらの分類法に従って分類した小惑星について、色の特徴を8つの波長で表現した図（提供：廣井孝弘博士）。縦軸の反射率は真の値ではなく、特徴の比較のために0.55μmの波長の反射率との相対的な反射率で示し、さらにグラフが重ならないように縦にずらして表示してあることに注意

の影響で、色が赤黒くなる宇宙風化という現象が起きているという説はあった。しかし、「はやぶさ」探査で、イトカワの物質が手に入ったことで、S型小惑星は、「普通コンドライト」という、たくさん地球に落ちてきている隕石でできていて、宇宙風化でS型小惑星の色になっていることが実証された。これは、「はやぶさ」探査の数ある成果の中でも、極めて重要なものである。

これから、すべての型の小惑星からサンプルが持ち帰られるだろう。そして、我々が既に手にしている隕石のどのグループと対応するかが確認されていくことになる。そんな話をすると、小惑星と隕石のペアリングができれば、あとは隕石だけ研究していればいいのではないかと思われるかもしれない。しかし、それは違う。

隕石の色と小惑星の色が異なるように、宇宙風化という表層の特徴は、小惑星から衝撃で叩き出された隕石には保存されていない。小惑星を飛び出す過程でさまざまな特徴が失われているのだ。また、隕石はあくまで小惑星のかけらの一つなので、小惑星の場所や表面からの深さによって鉱物組み合わせや岩石組織に違いがあるかどうかということもわからない。「はやぶさ2」が小惑星リュウグウの複数箇所で試料を採取したり、わざわざ小惑星に穴をつくって調べているのは、そういう違いを知りたいからである。

小惑星を研究する意義は何だろうか。未分化な小惑星は太陽系が形成した時の物質をほとんどそのままの形で保存している。そのために、太陽系が一番最初にどんな状態ではじまったのかを研究する重要なカギとなる。

一方で、分化した小惑星の中には、核やマントルに分化しそうだったけれども熱が足りずに中途半端に分化して固まったものや、しっかり分化したもの、しっかり分化した後に小惑星同士の衝突で核の部分だけになって内部をさらけ出しているものなど、さまざまな天体が存在する。これらは、我々の地球がどのように分化して今の構造を持つに至ったかについて重要な知識を与えてくれるに違いない。

地球の固体の核は地下五一〇〇キロメートルの深さにあり、さらに厚さ二二〇〇キロメートルのドロドロに溶けた外核に覆われているので、人類の科学技術がいかに進もうとも、地球の固体核の物質を採取することは、まず不可能である。しかし、小惑星の中には、かつてそれなりに大きな分化した天体であったものが壊れて核が露出しているものがある。科学者が調べたくなる理由がわかっていただけるだろう。

資源としても小惑星は興味深い。古代文明が隕鉄を鉄資源として活用した例を挙げたが、未来の人類も小惑星を資源として使うことになるだろう。地球の鉄鉱石はすべて酸化鉄であり膨大なエネルギーを使って製錬しないと金属鉄を取り出すことができない。しかし、鉄隕石の母天体を採掘すれば、そのまま金属鉄を採取することができる。

また、白金、イリジウムなどの白金族元素やニッケル、コバルトなどは親鉄元素と呼ばれ、鉄に溶け込みやすいため、地球ではほとんどが核に持ち去られていると考えられている。我々は白金族の搾りかすのような地殻から一所懸命に貴金属を集めているわけだ。しかし、鉄隕石は、逆に白金族を含む親鉄元素を鉄に溶かし込んで集めた結果の物質である。この貴金属を小惑星から採取しようという構想もある。

氷天体の探査

木星や土星の衛星には氷で覆われたものが多数存在する。その中でも、内部に液体の海があると思われている天体は、多くの科学者の興味を引いている。それは、その内部海と呼ばれる地下の海に生命が誕生している可能性があるからである。

内部海に注目が集まっている天体は、木星の衛星ガニメデ（直径五二六八キロメートル）、エウロパ（直径三一二二キロメートル）と、土星の衛星エンケラドス（直径五〇四キロメートル）やタイタン（直径五一五〇キロメートル）などである。地球の生命がどのように誕生したかは諸説あるが、海で誕生したことは間違いなさそうである。つまり海があれば、生命が誕生する期待が出てくる。さらに火星と違って、微生物ではなく、魚のようなある程度大型な生命が現在も進化を続けている可能性もある。

エウロパでは二〇一二年と二〇一六年にハッブル宇宙望遠鏡が噴き上がる噴泉を観測した。また、土星探査機カッシーニが二〇一五年にエンケラドスの噴泉に突入し成分を調べた（図31)。これらは、天体内部に海がある直接の証拠となっている。なぜこのような噴泉が噴き上がっているのかははっきりしない。

地球の場合、噴泉は水が加熱されて水蒸気になるときの体積膨張で飛び出してくる。一方で、例えば、温まった炭酸飲料が缶から噴き出すように、液体に溶け込んだ別の物質が、液体に溶けきれなくなって泡をつくり全体の体積を膨張させて飛び出す場合もある。地球ではマグマから水蒸気や二酸化炭素が泡となって生じる体積膨張で火山爆発が起きる。氷天体の内部の海で液体の成分の気化ではなく、液体の成分に溶け込んだガスが分離して噴出が起きているのであれば、これは低温の火山と見ることもできる。

図31　土星の衛星エンケラドスの南極付近の水蒸気噴出
土星探査機カッシーニが2005年に観測（NASA/JPL/Space Science Institute）

土星探査機カッシーニに搭載されていた欧州宇宙機関の小型惑星探査機ホイヘンス・プローブが二〇〇五年に土星の衛星タイタンに着陸した。着陸前にタイタン上空から撮影された画像には、液体のメタンやエタンでできた川や湖や海が見られ、まるで地球の河口のような景色が世界の研究者を驚かせた。

そのころ大阪大学で、欧州宇宙機関の方がこのタイタン探査について講演してくださったことがあった。ホイヘンス・プローブの着陸機の脚は針のようになっていたのだが、タイタンの地表は、表面は堅いが、中はやわらかいようで、針がぷすっと刺さって、その時に測定していた大気中のメタンガスの濃度が上がったらしい。マイナス一八〇度Cという低温のタイタンでは、地球の水の代わりに、メタンが蒸発したり雨となって降る世界のようだ。

ところでフランス人の講演者は、ホイヘンス・プローブがタイタンの地表を針で刺した時の様子を、「クレームブリュレのようだ」と語った。クレームブリュレというのは、カスタードプリンの表面を焼いて固めたようなフランス発祥の菓子である。スイーツに詳しい女子学生はふんふんとうなずいていたが、男子学生の中にはきょとんとしている者が多かったのは面白かった。惑星科学には時にスイーツの知識も役に立つようだ。大阪の学生には、「外はカリカリ、中はトロトロのたこ焼きのようでした」と言えばみんなピンときたことだろう。

たこ焼きつながりの余談だが、二〇一七年に大阪大学が惑星科学会の大会の主催幹事大学となった。その時の懇親会で、大阪大学の惑星科学研究者や学生がオリジナルたこ焼きを焼いて、たこ焼きでさまざまな惑星や衛星の表面のパターンや内部構造を再現するという試みを行った。全国から集まった惑星科学者がたこ焼きをかじりつつ惑星の構造を熱く議論するという、とても楽しいコーナーとなった。惑星科学者は惑星を身近なものにたとえるのが好きなのだ。

二〇二二年には欧州宇宙機関のジュースという大型木星氷衛星探査機が打ち上げられる予

定である。ジュースは二〇二九年に木星に到着した後、木星の観測はもちろんのこと、木星の衛星カリストやエウロパの観測をするほか、二〇三二年にはガニメデの周回軌道に入り、ガニメデを詳しく観測する予定である。この計画には日本の研究者も多数参加している。

恒星間の旅

近年の惑星科学界に大きな衝撃を与えているのが、系外惑星の発見である。系外惑星とは、太陽系の外の恒星を回る惑星である。太陽のように、自ら光り輝く天体は恒星と呼ばれる。一九九二年に最初の系外惑星が確認されてから、次々と系外惑星を発見するさまざまな手法が開発されて、急激に発見数を伸ばした。この時期に急速に発見数が伸びたのは、デジタルイメージセンサーとコンピューターの性能向上が基礎となったと言える。さらに、地球の周囲を回りながら、宇宙を観測する天文衛星がこの観測に活用されたことが大変有効であった。

二〇一九年四月二十二日にExoplanet.euという系外惑星データベースを確認したところ、カタログに登録されている系外惑星の数は四〇四八個で、惑星を持つ恒星の数は三〇二二個、そのうち複数の惑星を持つものは六五九個にも上っていた。系外惑星の発見数は今後も日々増え続けていくだろう。

系外惑星の大量発見は惑星科学者にとって二つの意味で驚きであった。一つは惑星がとても多様だったこと、もう一つは惑星を持つ恒星が案外たくさんあったことである。

惑星が多様というのは、それまで想像もされなかったような奇妙な惑星がたくさん見つかったということである。例えば、木星のように巨大なのに、恒星の近くを公転周期わずか四日で回るというような、おかしな惑星が見つかり、巨大な惑星は太陽系の木星や土星のように恒星から離れたところを何年もかけて回っているものだという先入観が打ち砕かれた。また、安定した軌道を維持することが難しいと考えられる、極端な楕円軌道を持つことで研究者を驚かせた惑星もある。その一方で地球のような大きさで、水が液体として存在できる表面温度の惑星も多数見つかっている。水があるということは、生命が誕生していることも期待される。

もう一つの大きな驚きは惑星を持つ恒星が案外たくさんあったことだ。これは、宇宙に生命が誕生している期待の膨らむ情報である。そもそも一九九二年に系外惑星が発見され始めるまでは、他の恒星に惑星が存在するのかしないのか、全くわからず、想像するしかなかった。我々の太陽系が、わりと一般的なものなのか、それともかなり特殊なものなのか、研究者の中でも意見が分かれている状態であった。ちょうど、生命がこの地球に存在しているのが、他の惑星にもあり得ることなのか、それとも地球でしか起こらない珍しいことなのか意見が分かれている現在の状況と似ている。

系外惑星が大量に発見される前は、どちらかというと恒星が惑星を持つ割合は少ないのではないかと思われる傾向にあった。研究者がその割合をどの程度と考えているかを過去の文献から知るときに便利なドレークの式というものがある。これは、銀河系の中に通信可能な知的生命体がいる文明がいくつあるかを計算する式である。

ドレークの式を初めて知ったのは、中学生の時に見た「コスモス」というテレビ番組だった。一九八〇年当時、私の住む地方では、午後十一時から午前一時という遅い時間に放送されたと記憶している。録画装置もなかったので、眠いのをがまんしながらワクワクして番組を視聴したものだ。

この番組は当時の最先端の宇宙探査の成果がふんだんに盛り込まれていた。ナビゲーターは惑星科学者カール・セーガン博士だった。セーガン博士は同名の「コスモス」という啓蒙書も出版した。この本は日本でも売り上げ数が上下巻ともに三〇万部を超え、文庫版は一〇〇万部近かったそうだ。セーガン博士自ら出演して解説してくれるテレビ番組「コスモス」でセーガン博士のファンになった私はもちろん書籍版も買って読んだ。私の世代の惑星科学者や天文学者はこの「コスモス」に影響を受けている人が多い。

再放送を録画した「コスモス」を久しぶりに見直しながら、セーガン博士が当時選んだ数

$$N = N^* \times fp \times ne \times fl \times fi \times fc \times fL$$

ドレークの式

値とともに、ドレークの式を説明しよう。

ドレークの式はこんな形で、銀河内の通信可能な知的生命体の文明の数Nを計算する。

N^*は、銀河系の恒星の数で、セーガン博士の選んだ数字は、四〇〇〇億個だ。fpは恒星が惑星を持つ確率で、博士は「少なめに」と言いながら四分の一を代入した。neは恒星が惑星を持つ場合に生命が誕生しうる惑星の数で、これも博士は「控えめに」二個とした。flは生命が発生する確率でこれは二分の一を代入する。

fiの知的生物に進化する確率と、fcの電波天文学を操る文明を持つまでに進化する確率については、悩みつつも、どちらも〇・一を代入する。fLは技術文明が栄える時間なのだが、ここで私の大好きなセーガン節が炸裂する。

セーガン博士はこんなことを言う。「人類は電波天文学を発展させてからわずか数十年しかたっていないが、絶滅の危機に瀕している。地球が誕生して四六億年の中の数十年しか存続していないとすればfLは一億分の一だ。するとNは一〇個にしかならない。これでは、銀河系の他の知的生命体と出会えそうにない。しかし、その中で一パーセントの文明が、精神的な文化を高めて戦争を回避して滅びを免れているとすれば、fLは一〇〇分の一だ。すると、Nはいっきに一〇〇万になる。これなら出会えるチャンスもあるのではないでしょうか（意訳と省略あり）」

つまりは平和な社会を維持してこそ、異星人とのファーストコンタクトはあるというのだ。この考え方にはしびれた。

ところで、ドレークの式で恒星に惑星がある割合としてセーガン博士が選んだ数値は四分の一で、生命に適した環境の惑星の数は二個である。これらの数字は今振り返ると当時としてはかなり多めに振り切った攻めた数字だった。多くの研究者は惑星がある割合は〇・一程度、生命に適した環境の惑星の数となると、一でも多すぎると考える人が多かったように思う。

セーガン博士は、『コンタクト』という地球外知的生命体との出会いをテーマにしたSF小説も執筆している。この小説はジョディ・フォスター主演で一九九七年に映画化されており、レンタルやネット配信で今も見られるので、ぜひご覧いただきたい。小説の内容からしても、セーガン博士は地球外知的生命の存在を信じている科学者であることは間違いない。私や当時の子どもたちはセーガン博士の楽観的な数字を信じて大いに興奮した。まんまとのせられて、惑星科学者や天文学者になった人は私も含めてたくさんいるだろう。

しかし、現在、系外惑星が続々と見つかっている状況で当時を振り返ると、セーガン博士の選んだ数字は決して大袈裟なものではなく、現実的な、いやむしろ博士がテレビで言っていたように控えめな数字なのかもしれない。

さらに地球に似た星もたくさん見つかっている。地球から最も近い恒星のプロキシマ星にもプロキシマbという地球型の水があるらしき天体が見つかっている。

この天体を調査しようという計画がある。ロシアの起業家ユーリ・ミルナー氏や、宇宙物理学者のスティーブン・ホーキング博士などが中心となってつくった地球外の知的生命体を探査する団体ブレイクスルー・イニシアティブのブレイクスルー・スターショット計画である。切手サイズの超軽量探査機に一～数メートル四方の極めて薄い帆をつけて、その帆に強力なレーザー光線を当てることで、光速の二〇パーセントの速度まで加速しようというものである。

この方法だと、プロキシマbまで二〇年、そこで撮影した写真などの観測データを地球にレーザーで送るのに四年で今世紀中にプロキシマbの観測結果を手に入れようという計画だ。もちろん、超小型軽量の探査機をつくる技術や強力なレーザー光線を探査機に正確に照射する方法など、技術的に未解決の課題も多いので、今すぐに製造できるものではない。科学技術の発展を見越して、二〇年後くらいの実現をめざしているようだ。

若い世代の読者のみなさんはプロキシマbの観測データを将来見ることができるかもしれ

ない。私はよほど長生きしないと難しそうだが、それ以前にも、知的生命が発する電波を受信できる可能性や、ダイソン球のような知的生命体の存在の間接的な証拠を観測する可能性はあると期待している。

終章
月に住み宇宙を冒険する未来にどう生きるか

今後、人類は月を拠点に火星の本格的な開発をはじめ、火星に都市を建設するに至るであろう。また、科学観測の前線基地が、木星や土星の衛星に建設され、そこで地球外生命を発見するかもしれない。

そのような100年後、200年後の未来に我々はどのような知識や考え方を持っておくべきだろうか。この章で考えてみたい。

宇宙時代に知っておきたいニュースがわかる技術用語

宇宙時代のニュースを見るときに、ちょっとした用語の意味を知っていると、各国の技術レベルが上がっていく様子や、他国と競い合っているさまなど、裏事情がより明確にわかって面白い。

宇宙探査の技術レベルとして、以下の六つの段階を把握しておくと便利である（図32）。

(1) 人工衛星
(2) フライバイ（スイングバイ）
(3) 周回探査
(4) 軟着陸
(5) サンプルリターン
(6) 有人探査

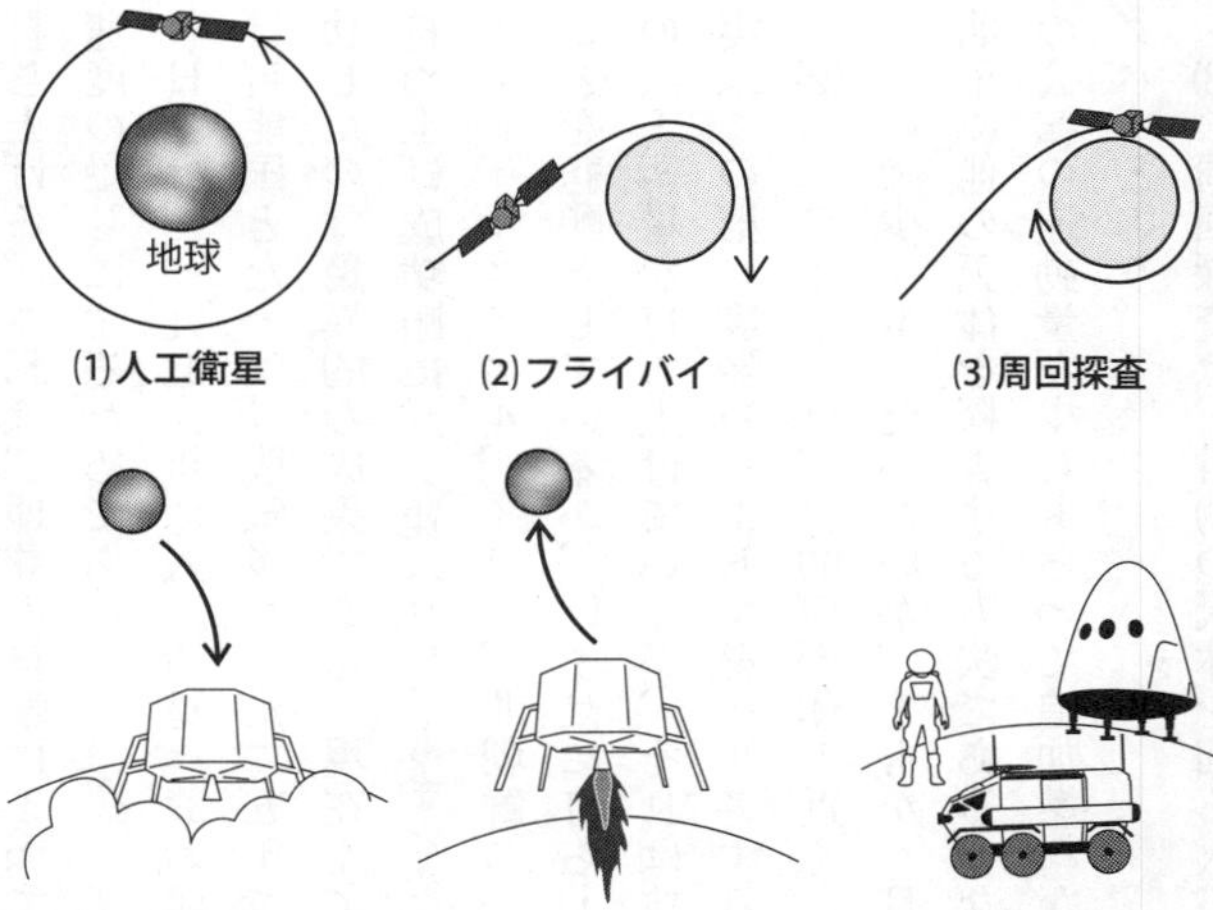

図32　宇宙探査の技術レベル

(1)の人工衛星は、地球を周回する衛星を打ち上げる技術である。宇宙の入口は高度一〇〇キロメートルと定義されている。この高さまでロケットを打ち上げることも大変であるが、それだけでは人工衛星にならない。人工衛星は地球の重力に引かれて落ち続けているが、水平に飛ぶ速度が速いので、落ちながら飛んでいる道筋が地球を回る円になって、ずっと地球に落ちてこなくなったものである。このために最低限必要な速度は、秒速約七・九キロメートルとなる。この高速を実現するのが大変なのだ。

ロケットの打ち上げ場は、どの国もできるだけ赤道に近づくように緯度の小さいところを選ぶ。そして東の空に向けて打ち上げる。これは、地球の自転によって地面が高速で回転しているその速度を人工衛星の速度の足しにするためである。

日本は、一九七〇年に人工衛星「おおすみ」を打ち上げて世界で四番目の人工衛星打ち上げ可能国となった。敗戦後たった二五年で戦勝国の中国やイギリスよりも先に打ち上げに成功したのは驚異的な成果である。現在までに人工衛星を自国のロケットで打ち上げた国は、打ち上げ成功順に、ソ連（ロシアもまとめる）、アメリカ、フランス、日本、中国、イギリス、インド、イスラエル、イラン、北朝鮮の一〇ヵ国だけである。韓国は自国のロケットを持つことを悲願としているが、いまだに打ち上げに成功していない。近年、さまざまな国が自国の人工衛星を打ち上げているが、それは技術を持つ国のロケットを利用しているにすぎず、実はこの第一段階のハードルをクリアすることも大変なことなのである。

(2)のフライバイは、目的の天体の近くを通り過ぎることである。観測のチャンスが一回きりなので少々もったいないが、ともかく目的の天体の近くを通りさえすればよいので、最も簡単に他の天体を探査する方法である。なお、惑星の近くをうまく通り過ぎると、その惑星の公転の運動量を少しもらって追加燃料なしで加速することができる。この飛び方をスイングバイという。

(3)の周回探査は、目的の天体を回る人工衛星になって長期間観測を行う探査である。地球から目的の天体まで旅をしてきた探査機は高速で飛行しているので、そのままだと目的の天体の重力にはつかまらず、フライバイしてしまう。そこで、探査機は逆噴射をして速度を落として、墜落しない程度にうまく目的の天体の重力に捕らえられるようにしなければならない。高度の制御技術が必要な探査である。

(4)の軟着陸（ソフトランディング）は探査機を重力のある天体にふわりと降ろす技術である。通常、いったん目的の天体の周回軌道に入ってから、そののちさらに逆噴射をして速度を落として着陸する。地上に激突してしまうのは硬着陸（ハードランディング）というが、硬着陸だと探査機は粉々に砕けて機能しなくなる。目的の天体にぶつけるだけならフライバイと同程度の技術レベルで可能である。なお、ペネトレーターといって、魚雷のような形で、硬着陸でも壊れずに地面に突き刺さって、地震計や熱流量計などを機能させるという装置もJAXAにより実用化されているが、実際の宇宙探査の予算を獲得するには至っていない。

軟着陸に話をもどす。軟着陸の場合、地面に達する前に減速しなくてはならない。大気のある天体であればパラシュートを使って減速する。月のように大気がない場合は、ロケットの逆噴射に頼るしかない。火星探査機では最後の衝撃吸収にエアバッグを用いた例もある。

日本はまだこの軟着陸をしたことがない。二〇二一年度に小型月着陸実証機SLIMが成功すれば軟着陸技術を手に入れたことになる。「はやぶさ」がイトカワに着陸したのでは？

と思う読者もいるだろう。イトカワやリュウグウは重力がきわめて小さいので、小惑星に接地したとしても、それは宇宙ステーションにドッキングするような技術で、重力天体への軟着陸とは別物である。

軟着陸できれば、ローバー（探査車）を運用することもできる。

(5)のサンプルリターンは、目的の天体から試料を採取することである。もちろん、先に軟着陸しておかないと試料を採取することはできない。試料を採取した後は、地球に向けてロケットの再打ち上げを成功させないといけないし、地球に無事もどってきても、試料を大気圏突入させて地上に届けなくてはならない。すべての過程がうまくいかないと試料が手に入らないので大変高度な探査手法であると言える。なお、「はやぶさ」や「はやぶさ2」もサンプルリターンであるが、重力天体への着陸や重力天体からの再打ち上げを必要としない、特殊なサンプルリターンだと言える。

(6)の有人探査は、基本的にはサンプルリターンと一つ一つの過程は同じである。ただ、人間と人間を活かすための周辺装置という質量の大きなものを運ばねばならないし、放射線量や温度変化などを無人探査よりはるかに低く抑えなければならない。さらに、無人探査以上に失敗が許されないことなど、さまざまなハードルが一気に跳ね上がるので、サンプルリターンよりも桁外れに高い技術と予算が必要となる。

以上で六段階の解説を終える。今後、ニュースで宇宙探査の話題があったら、どの段階の探査になるのかをあてはめることで、各国宇宙機関や民間企業の技術レベルの発展段階を実感できるだろう。

宇宙ファンの意義

宇宙探査を支える宇宙探査ファンの存在は今後ますます重要になる。国家主導の宇宙探査は税金が財源なので、国民の理解があってこそなのだ。さらに、民間の宇宙探査は、ファンによって直接起業された会社が主導するケースが出てきたり、宇宙探査ファンの意思によって探査目的が決まるなど、その役割がますます大きくなっている。

日本の宇宙探査ファンが爆発的に増えたのは、やはり「はやぶさ」の影響が大きいと思う。数々の不具合やトラブルを抱えながらも、さまざまな工夫で乗り越えていくさまは、多くの国民の感動を呼び、宇宙ファンを増やした。この声が後押しとなって、「はやぶさ2」の計画が採択されたと言っても過言ではない。私は当時、「はやぶさ2」とは予算的にはライバル関係にあると言える月着陸計画「SELENE‐2」を立ち上げるために膨大な時間をかけて着陸地点の選定作業をやっているところだった。そんな中、「はやぶさ2」計画が企画段階から実際のプロジェクトへとあっという間に昇格していったプロセスを、うらやましいと思い、悔しい感情を抱きつつ、国民の意思によってプロジェクトが選択されたという世界初の事実に感動していた。

ただ、そのときの盛り上がり方に不満がないではなかった。それは、科学成果そのものよりも、不具合をどうにかするところに注目が集まったからだ。「はやぶさ」はサンプルリターン以外にも重要な成果を上げている。二〇〇五年に「はやぶさ」がイトカワに到着したとき、きには、まだブームははじまっていなかった。世界の科学者はイトカワの映像を見て驚いた。低重力の天体なので、細かなレゴリスは宇宙へ飛んでいってしまって、岩だらけの天体ではないかと想像されていたからだ。予想に反して細かなレゴリスで覆われた広大な平地が存在していた（「はやぶさ2」のリュウグウの時には、今度は岩だらけで二度びっくりすることになるが、これだから、宇宙探査は行ってみなければわからない）。そんな驚きの成果が報道で大きく扱われることはなかった。二〇〇七年に打ち上げられた「かぐや」も同様、大きな不具合も起こさず数々の成果を上げながら、ニュースで取り上げられるトピックは今の宇宙探査のムードからは考えられないほど少なかった。

しかし、これは、宇宙探査をする側も、成果の公開に慣れていなかったし、情報を受け取る国民の側も、成果を理解することにまだ慣れていなかったと言えるかもしれない。「はやぶさ」のチームは、不具合に陥った時に、とても詳しい情報を丁寧に発信した。特に若手の研究者は、当時一般化してきたインターネットを駆使して、宇宙ファンにかなり専門的な情報まで伝えていた。それを読み解き解説する宇宙ファンも現れて、不具合の内容を理解する国民が増えた。理解しているからこそ、サンプルの地球帰還を、大勢のファンが手に汗を握って見守るという、歴史的な状況を作り上げたのだと思う。

二〇一〇年に帰還した「はやぶさ」以前は、宇宙探査は失敗すると大きく報道されるが、成功しても小さくしか報道されないという状況だった。また、失敗した時の報道は、「予算××億円が無駄になりました」という単純な論調が多かったように思う。しかし、「はやぶさ」以降は、国民の宇宙探査の見方が、大きく変わっていった。「はやぶさ2」に至っては、大きな不具合が起きず、開発者がきちんと準備した機能が正しく動くこと自体を、新聞やニュース番組がきちんと報道し、それを熱心に見守るファンが多数いる。これは素晴らしいことだ。

この状況は私の好きなモータースポーツ観戦に似ているように思う。バイクレースやカーレースを見始めた初心者は、レースの途中で車がクラッシュしたり、バイクが転倒すると興奮する。しかし、レースに詳しくなり、レーサーやメカニックがどういう思いでレースに臨んでいるかという知識が身につき始めると、クラッシュほどつまらないことはないという考えに変わる。たとえ応援しているレーサーのライバルであっても、最後まで実力を出し切って競う姿を見たいと思うものなのである。

今の日本の宇宙ファンは、宇宙探査の内容をあらかじめ理解し、さまざまな探査プロセスを予習した上で、技術的に難しい局面を、開発者や科学者と一緒に手に汗を握って迎えるという、大変高度な楽しみ方をするようになってきた。

今後に期待

ただ、あともう一歩と思えることが最近あった。みなさんは、民間初の月着陸探査が試みられようとしていたことをご存じだろうか。イスラエルの民間グループであるスペースILが民間初となる月着陸を二〇一九年四月十一日（日本時間十二日午前）に試みたが、エンジンや通信手段がうまく機能せず、月面に墜落した。

このとき、とあるテレビ局のニュース番組がこの機会に近年の世界の月探査の盛り上がりを特集するということになった。東京からテレビクルーが大阪大学の私の研究室を訪れ、解説の収録を行った。最初は着陸の前日に特集が放送されるはずだったが、国内外の重要なニュースが重なったために、翌日に延期された。さらに、着陸が失敗に終わったことによって、月特集そのものがなくなってしまった。取材されたが使われないということは、ニュース番組ではよくあることだ。過去にも、ある朝のニュース番組に協力した時に、サッカーのワールドカップで日本チームが予想外に勝ったということでお蔵入りになった月特集もあった。

今回のケースは、月着陸そのものが失敗に終わって、ニュースバリューが減ってしまったわけなので、月特集がなくなるのは致し方がなかった。しかし、私がショックだったのは、イスラエルのチームが月着陸を試みたというニュースそのものが報道されなかったことだ。その日は朝のニュース番組や夜のニュース番組を何局かチェックしたが、私のチェックした範囲ではその話題を取り上げたテレビ局はなかった。この時期に、NASA発の、別のニュースを取り上げたテレビ局はあった。

成果に罪はないのでどんな話題か具体例を挙げることは控えるが、NASA発の成果はその日に論文が公開されたというだけで、別の日のニュースにしても良い内容だった。NASAは他国の宇宙探査に対してライバル意識が強く、他国が重要な宇宙開発や宇宙科学のニュースを発信するときには、必ず、「NASAもこんな成果を上げています」というニュースをぶつけてくる。特に中国の宇宙探査のニュースに合わせることが多い。これはNASAの予算を左右するアメリカの政治家へのアピールなのだろうが、日本の報道機関は、NASAが発表することの方が重要だと決めつけて、そちらばかり取り上げる傾向がある。

なお、当時日本のあるテレビ局が報道したNASA発の話題というのは、大きな話題となったブラックホールの影の撮影成功の話題ではない。インターネットで検索しても今ではなかなか出てこないような話題だ。NASAがニュースを発信しているときには、裏に他国がもっと重要な成果を上げていないか、報道の方々にはぜひチェックしてほしい。NASAだって、他国の成果にニュースの時間を削られたくないから、とっておきのニュースは他国の宇宙探査のイベントにぶつけたりしない。NASAの成果公開時は、NASAがライバル視するような成果を他国が上げている可能性を考えた方がよい。

民間初の月着陸のゆくえ

やや話が逸れたが、今回のイスラエルのスペースILの試みのどこにニュースバリューがあったかをいくつか解説したい。

まず、なんと言っても重要なのは、この月着陸の試みは、民間初ということである。先にも述べたが、重力天体への着陸は日本も未だ試みたことがない高度技術で、月着陸に成功した国は、本書の刊行時点で、アメリカ、ソ連、中国の三ヵ国しかない。二〇一九年中にインドが着陸させる計画があるので、インドが四番目の国となるかという時に、先に民間の月着陸が割り込む可能性があったわけである。

このチームの出自がまた興味深い。イスラエルILは、もともとはグーグル・ルナXプライズに挑戦するチームの一つだった。グーグル・ルナXプライズとは、インターネット検索サイト運営会社であるグーグルがスポンサーとなって、民間の月探査振興のために行ったコンテスト企画の一つで、「月面に無人探査機を着陸させ、着陸地点から五〇〇メートル以上走行し、指定された高解像度の画像、動画、データを地球に最初に送信した民間のチームに二〇〇〇万ドルの賞金を与える」というものである。もともとは二〇一五年末までを期限としていたが、達成できるグループがなく、二〇一八年三月三十一日までに延長された。延長された期限にぎりぎり間に合いそうなチームがあったのだが、惜しくもロケット打ち上げを達成できず、いったん終了となった企画である。

グーグル・ルナXプライズに登録したのは三四チームで、そのうち五チームが最終段階に残っていた。その一つがイスラエルILだったのだ。Xプライズには間に合わなかったものの、独自に開発を進め、アメリカのファルコン9ロケットを使って、地球から出発した。その後、イスラエルのスペースILが開発した月着陸機ベレシート自身のロケットで月への旅を続け、月上空に無事到達し、あとは着陸するだけというところでコントロールを失ったのである。

次に着目すべきは、開発費用だ。今回の開発費用は約一一〇億円だということで、月軟着陸計画が一〇〇億円前後でできる時代になったことに驚く。大型月着陸計画SELENE-2の予算規模は五〇〇～六〇〇億円であった。大型でなくても三〇〇億円くらいかかるというのが一〇年前のイメージである。打ち上げ間近の、JAXAの小型月着陸実証機SLIM

の予算は一四八億円でかなりがんばっているのであるが、ベレシートがさらにそれを下回るというのは驚きだ。これは地球を脱出するための最初のロケットにかかる費用が下がっている影響が大きい。

近年、相乗りと言って、一つのロケットで複数の衛星や探査機を打ち上げる例が増えてきているが、ベレシートもインドネシアの通信衛星との相乗りで打ち上げコストを削減している。日本でも大学生が作った小型衛星がこの方法で格安で打ち上げられており、日本の宇宙技術のレベルアップに役立っている。

また、ファルコン9というロケットは、複数回使える新しいタイプのロケットである。繰り返し運用できるロケットとして、かつてはスペースシャトルというロケットがあった。スペースシャトルは、飛行機のような翼と、強力なロケットエンジンを併せ持ち、国際宇宙ステーションに資材や宇宙飛行士を運んでは、大気圏突入して、グライダーのように翼で滑空して地上にもどるというロケットであった。しかし、その複雑な機構のために整備コストがかさみ、さらに二度の悲惨な全損事故を起こして、安全運用のためのさらなる追加コストが必要となったために、二〇一一年に役割を終えた。

一方、ファルコン9の構造は昔ながらのロケットと変わらない円筒形だ。打ち上げて上段を宇宙へ送り届けた後、高度な制御技術で地球にもどってきて、打ち上げ映像を逆回しで再生するかのような姿勢で、地上に降り立つことができる。今回のイスラエルの月着陸機ベレシートを打ち上げたファルコン9ロケットも無事地上にもどってきた。

ファルコン9を開発したスペースX社の創設者にして最高経営責任者（CEO）兼最高技術責任者（CTO）であるイーロン・マスク氏によると、繰り返し運用できるロケットが大量生産されるようになれば、ロケットの打ち上げコストは一〇〇分の一になるということである。そして、スペースX社は着実に再利用ロケットの実績を積み上げつつある。近い将来、月ロケットの初段打ち上げコストが数億円になるという時代が本当に来るのではないかと期待が膨らむ。

もう一つ注目しておきたいのは、イスラエルILと同じような挑戦を続けているチームが日本にもあることである。読者のみなさんの多くもご存じだと思うが、それは、ispace社である。ispace社も、イスラエルILと同じく、グーグル・ルナXプライズに最後まで残った五つのチームの一つHAKUTOの母体となる会社である。ispace社は月探査をあきらめるどころか、新たに二〇二一年に月着陸機を二〇二三年には月探査車を月に送る計画を進めている。これら探査機もスペースXのファルコン9で打ち上げられる予定だ。イスラエルILの失敗によって、民間初の月着陸の栄誉はispace社のものになるかもしれない。ただ、これは単純にどこが一番かという競争ではなく、民間が月探査をするという世界的なムーブメントがは

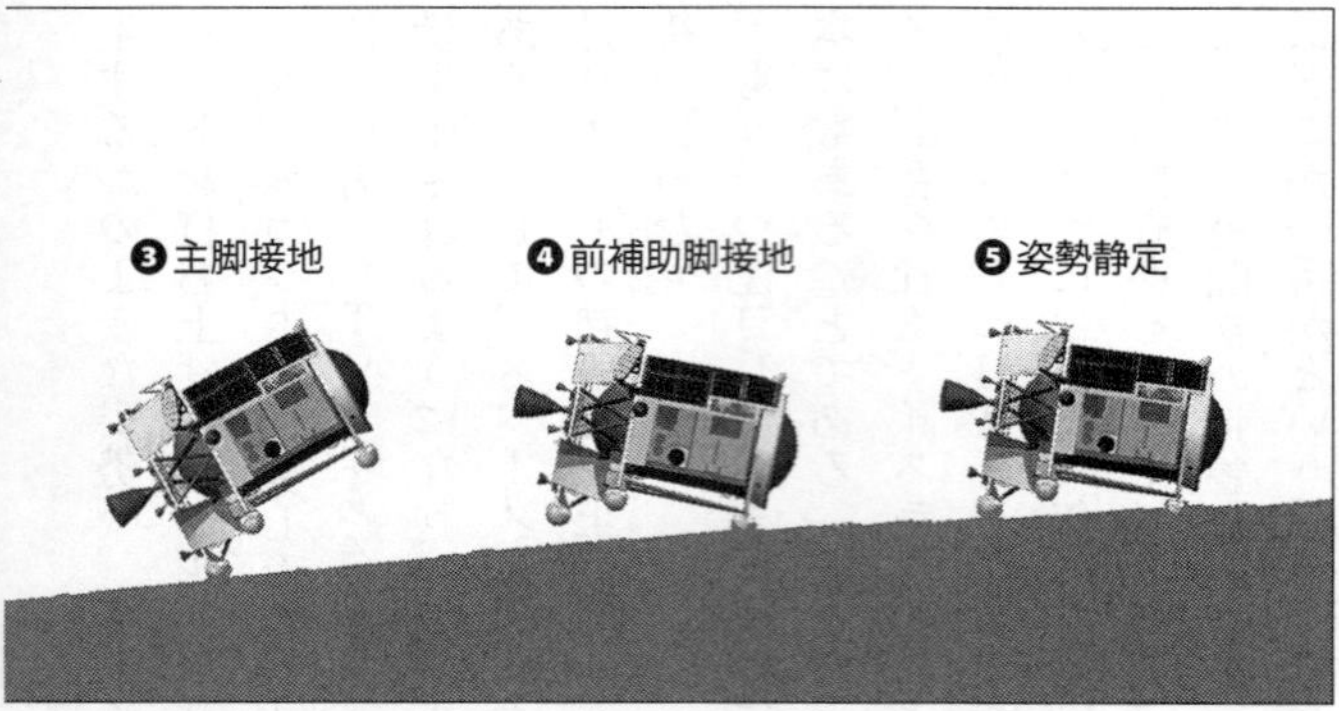

図33　SLIMの着陸
誤差100メートル以内のピンポイント着陸をめざす。傾斜地で転倒しないよう、あえて前のめりに倒れる着陸法にもご注目（JAXA）

じまるかどうかという重要な局面である。ispace社のメンバーもイスラエルILをライバル視しながらも、応援していたに違いない。

ベレシートは軟着陸には失敗したが、月上空までは無事に到達していた。宇宙探査は何十万個という部品が正常に動作しなくては、成功しない。途中には高真空、温度変化、高い放射線レベルの過酷な環境がある。小型の着陸機では、少ない燃料で効率よく着陸しなくてはならないので、短時間で減速して狙った地点に降下せねばならない。重力天体への軟着陸というのは、改めて難しい技術なのだということを再確認しておきたい。次には、インドが、そして、日本のispace社のM1や、JAXAの小型月着陸実証機SLIMも挑戦を控えている（図33）。

ベレシート失敗の裏にどのような意義があった

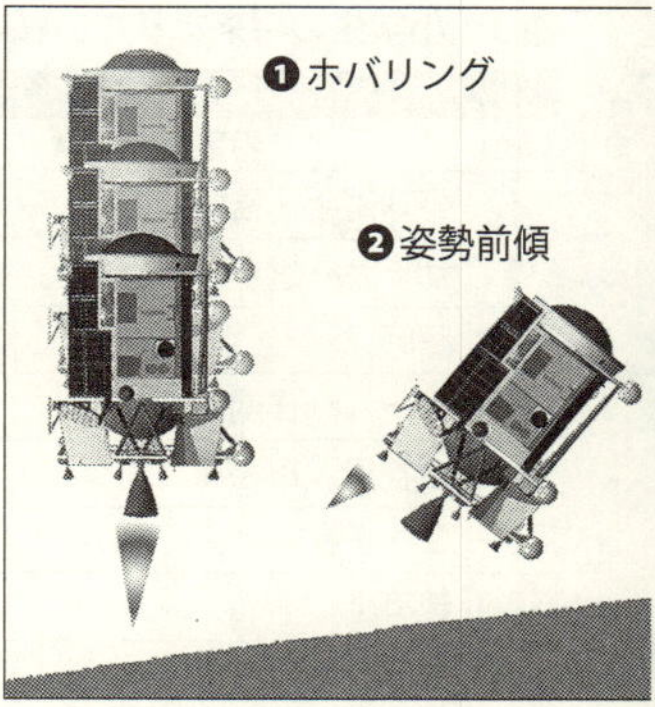

か、おわかりいただけただろうか。着陸には失敗したとしても、月上空に到達したことは、十分にニュースに取り上げる価値があったのではないかと思う。

しかし、やはり、探査は成功してこそである。成功していれば、間違いなくニュースで取り上げられ、その後の科学成果も世界に発信されたはずだ。宇宙探査を実施する側の立場としては、なんとしても成功させることを第一に考えねばならない。一方で、報道する立場の方々には、その成功の意義がより理解されるように、失敗したものについても、探査の目的や失敗の原因を掘り下げてほしいと感じている。

価値観の大転換

アメリカという新大陸が開拓されたときに、金鉱や油田を掘り当てるなどして大成功を収めた者もいれば、新しいビジネスを企てて大失敗に終わった者もいただろう。フロンティアの開拓時代には個人の運命だけでなく、国家の勢力地図も大きく変化した。

表3　小学生の将来なりたい職業

男子児童		女子児童	
順位	希望職業	順位	希望職業
1	野球選手・監督など	1	パティシエール
2	サッカー選手・監督など	2	看護師
3	医師	3	医師
4	ゲーム制作関連	4	保育士
5	会社員、事務員	5	教師
6	ユーチューバー	6	薬剤師
7	建築士	7	獣医
7	教師	8	ファッションデザイナー
9	バスケットボール選手・コーチ	9	美容師
10	科学者、研究者	10	助産師

出典：日本FP協会

現在、宇宙に関わる仕事といえば、ロケットや宇宙船を開発する技術者や、宇宙を研究する科学者、宇宙飛行士、などが思い浮かぶだろう。しかし、人間の生活する領域が月へ、火星へ、さらなる遠い宇宙へと広がるとき、あらゆる職業が宇宙へ飛び出す。また、宇宙時代に生まれる全く新しい職業も多数出てくるだろう。

表3は日本FP協会が発表した小学生の「将来なりたい職業」集計結果の二〇一八年度版である。これは、同協会が実施している「小学生『夢をかなえる』作文コンクール」に応募した児童を対象にアンケートを取って集計したデータである。男子の六位に「ユーチューバー」という一〇年前には存在しなかったような職業が挙がっているのが興味深い。

科学技術の発達や社会システムの変化によっ

て、現在の子どもが成人になって就く職業のほとんどは、現在存在しない職業になるという話がある。これは今にはじまったことではない。私が子どもだったころには、ユーチューバーどころか、ウェブデザイナーもネット通販会社も、インターネットがないのだから存在しようもない。GoogleやFacebookのようなビジネスは想像することすら困難だった。携帯電話ショップが立ち並ぶ商店街を想像することは、SF作家でも難しかったのではないだろうか。

宇宙に人類が展開した時に必要となる職業は、現代人の想像をはるかに超えたものになることだろう。それは、今後登場するであろう、新発想の天才起業家にまかせて、まずは現在ある職業を宇宙へ持ち出すことを考えてみよう。そこにも成功のカギはあるはずだ。

先ほどのランキングの職業の頭に「宇宙」という単語をつけてみよう。宇宙医師、宇宙建築士などは、それに類する仕事をしている人が既に出始めている。宇宙ファッションデザイナーというのは、まだいなさそうだが、バイク用アパレルの大手のダイネーゼがNASAと共同で宇宙服をデザインしているという話題を私が初めて知ったのは二〇一三年ころである。宇宙パティシエールは、なかなか斬新だが、宇宙食の開発というレベルでは既にはじまっている。宇宙飛行士は自分たちで散髪をしているようなので、宇宙美容師はもう少し先か。宇宙獣医はあらゆる動物の宇宙適応性を考える必要があり、研究課題が多そうで興味深い。宇宙助産師が活躍する時代こそ、本格的な宇宙時代の幕開けであろう。

宇宙〇〇という職業がまだない場合は、はじめればすぐにその専門家になれる。ただし、あまりに早くはじめると、収益が得られないので、宇宙で稼ぐ前に破産してしまうかもしれない。私は三年前に小中学生向けの『月はぼくらの宇宙港』という本を執筆した。二〇一七年度青少年読書感想文全国コンクールの課題図書（中学生の部）に選出されたこの本のテーマは、本書と同じく、月の科学と人類の宇宙進出についてである。

その本の中で、宇宙での職業について青少年向けのアドバイスとして、以下のようなことを書いた。「まず、地球の職業の専門家になりましょう。そして、成功した地球の仕事を宇宙へ持ち出しましょう。地球で成功した職業と別の職業で宇宙に進出する方法もありです」。本書は大人向けの本なので、その奥にあるもう少し辛口の意図も書こう。

小中学生向けに右のようなことを書いたのは、まずは地球のことにしっかりと目を向けて欲しいと思ったからである。私は宇宙の岩石の専門家で、地球の岩石にももちろん興味を持っているし、火山フィールドなど、地球の興味ある地質フィールドには積極的に出かけている。学生の中には、「宇宙の岩石に興味がある」といって研究室にやってくる者もいるが、その学生が宇宙の岩石の研究に熱中できるかどうかは、結局のところ地球の岩石が面白いと思えるかどうかにかかっている。宇宙ロケットを設計する人は、ペットボトルロケットにだって夢中で工夫を凝らすはずだし、宇宙食を開発したい人は普段の食事の栄養も気にかけているはずだ。宇宙というだけで面白がっている人が宇宙に住んでも、きっと退屈な日常生活が待っているに違いない。

次に「地球で成功した職業と別の職業で宇宙に進出する方法もあり」という内容を書いたのは、昨今のIT企業の方々の宇宙進出活動への期待を込めたものだ。現在、宇宙進出をリードしている民間企業と言えば、なんといってもイーロン・マスク氏のスペースXだ。マスク氏はインターネット決済のPayPal社の前身の会社を立ち上げるなどインターネットビジネスで多額の資金を得た。ネット通販大手のアマゾンも宇宙ロケットの開発をしている。日本も、堀江《ほりえ》貴文《たかふみ》氏が出資するインターステラテクノロジズ社が民間ロケット会社としてがんばっている。

宇宙開発がだんだんと国家から民間の手にゆだねられるようになっている今日、ビジネスの成功者が宇宙をめざすという流れは歓迎すべきものである。国家主導のプロジェクトは多くの関係者の総意をまとめあげるプロセスで、膨大な労力と時間を必要とする。国家主導の宇宙探査の企画に参加する時に、まず必要な作業は、「なぜその探査をするか」という論理を組み立てる部分である。有人探査ともなると予算はもちろん、安全や人道の観点から「なぜ人を宇宙へ送らなければならないか」という理由の整理と確認に膨大な時間がかかる。

もちろん、これは、税金を投入するプロジェクトである以上、不可欠なプロセスである。税金は国民の生活に必要な数々の事業に優先的に使われるべきなのは当然で、宇宙探査についても今すぐには利益は出ないとしても、長期的には国民の何らかの利益につながるものでなくてはならないだろう。

一方、経営者の意思によって推進される宇宙計画は、決断が早い。IT企業のリーダーが、「火星に行きたいから行く」と、計画を進めるさまは、清々《すがすが》しい。実際のところは株主の意向を気にするなど、知られざる苦労があるのかもしれないが、宇宙への強力なビジョンを示すのは、これからはNASAのような組織や国家ではなく、ビジネスで財をなした企業のリーダーの役割なのかもしれない。

新しい時代の宇宙開発体制とは

民間企業が宇宙探査・開発に参入し面白い局面を迎えている。

日本の民間のロケット開発会社インターステラテクノロジズ社の活動で、最近素晴らしいと感動したのは、技術情報を「トランジスタ技術」という月刊誌の特集で公開したことである。現在のコンピューター技術の進歩によって、本物のロケット技術の一部を自宅で試すことができるようになってきた。そんな技術を惜しげもなく大公開する企画だ。この時代の状況を活かした素晴らしい試みだと思う。今の時代の若者がこういうものを見て育つことができるのは、全くうらやましい。

インターステラテクノロジズ社の技術者の方々もNASAなどの公開情報に助けられて低いコストで開発することができ、その敬意と感謝のもとに、このような企画を引き受けたようだ。現代の教育的情報共有の文化が宇宙開発を加速することを期待させる事例である。

今後はさまざまな分野の方々に、新たに宇宙開発に参入していただきたいが、一般にあまり知られていない難しさもあることを、少し紹介しておきたい。

まずはアウトガスという問題がある。宇宙の真空環境で、接着剤などからガスが出ると、その気化した物質が他の部分に付着する可能性がある。観測装置のレンズなどに付着すると観測ができなくなり、大問題が生ずる。これがアウトガス問題だ。宇宙探査機開発にしばしば使われる素材に関してはアウトガスの情報もそろっているが、初めて使う素材はガスが出るかどうか試験を行わなければならない。

試験済みの素材を使うことも簡単ではない場合がある。私は、自分の関わるプロジェクトで、とある部品をカメラに取り付けようと思った。それは科学観測に使うプラスチックの塊のようなものなのだが、ふだん実験室で使う手のひらに載るサイズで一〇万円する。一般の感覚からすると十分高額である。この部品の耐宇宙環境仕様のものの見積もりを取ったところ、アウトガス対策を施した製造ラインでつくるため、その価格は二〇〇〇万円になるということであった。このような例は宇宙の世界では珍しくない。

もう一つの難しい問題は宇宙放射線である。第2章で説明したとおり、我々の住む地上は地球磁場と大気によって宇宙から来る放射線から守られている。そこから旅立つ宇宙船の装置は宇宙の強い放射線に対する対策が施されていなくてはならない。分厚い鉛の壁などで覆ってしまうという方法もあるが、月に物資を運ぶコストが一キログラムあたり一億円となると、厚くて重い防護壁を簡単に採用するわけにはいかない。宇宙で使う機器は、もともと放射線に強い部品でつくるのが一般的な解決策である。

宇宙放射線がどのようなトラブルを引き起こすか説明しよう。軽度のものは電子回路の誤動作である。近年の高密度化された電子回路では放射線が局所的に与えるエネルギーによって、信号の反転やメモリーの書き換えが起きてしまう。アポロ宇宙船の制御が三台のコンピューターの多数決で行われていたというのは、このようなトラブルに対応するためである。

さらに重度になると、電子回路の半導体の特性を変えてしまったり、永久に破壊してしまうこともある。電子回路に限らず、カメラのレンズを曇らせてしまったり、材料の強度を下げてしまう場合もある。

このようなことがないように、宇宙探査機用の部品は、宇宙探査機が浴びるはずの放射線

図34　大阪大学のサイクロトロン施設と著者

量を当てても大丈夫であると確認できたもののみを使って製造される。放射線試験には、ガンマ線という電磁波を当てる試験と高速の原子の粒を当てる粒子線試験の二種類がある。どちらの試験も特殊な施設が必要だ。

ガンマ線試験は、コバルト60という、強い放射線を出す物質の近くに部品を置いて行う。コバルト60がテロリストに盗まれると大変なことになるので、これらを扱う施設は厳重に管理されており、内部の写真撮影も禁止されている。粒子線の試験は、サイクロトロンという、電気を帯びた粒子を巨大な電磁石によって加速していく巨大な施設で行われる（図34）。大量の電力を使うので、二、三日実験するだけで数百万円の実験コストがかかる。

それから、難しいのが熱設計である。高温のものが冷えるときに熱はどのように逃げているか、おさらいしておこう。まずは、「伝導」である。高温の物質は、その物質を構成する原子が激しく振動している。この振動が、隣にくっついている物質へ伝わっていく現象が「伝導」である。次が「放射」で、これは、熱い物質が赤外線を出してエネルギーを減らし、赤外線を浴びた物質がそのエネルギーで熱振動を増すというものである。熱は真空中を伝わらないと思っている人も多いが、実際は、真空の宇宙空間に浮かぶ地球にも太陽からの電磁波で熱が届くように、赤外線を仲介して熱が移動する。もう一つは「対流」という現象である。まず伝導で熱い物質が空気を暖め、その空気が熱膨張することで周辺の空気より密度が下がって、上空へ移動し、そこへ周りの冷たい空気が再び供給される。

我々の身の回りの物質が冷却する過程に着目すると、空気の対流が効果的に使われている例が多い。しかし、真空の宇宙空間や月面では、対流を使った空冷で装置を冷やすことができないので、あっという間に熱がこもって装置が壊れる可能性がある。

高温のために装置や探査機が壊れないように、コンピューターシミュレーションによって温度分布の予測を出したり、熱的な構造が実機とほぼ同じにつくられた熱試験用モデルを巨大な真空容器に入れて、巨大な電気ストーブで加熱してシミュレーションモデルのとおりに温度分布が変化するかを確認する熱真空試験などを行う。

これらの試験のコストが探査機や探査機搭載の観測装置の製造コストの多くを占める。現在、ロケットや宇宙探査用の機器を開発しているメーカーはこれらのことを熟知したプロフェッショナルである。今後、多種多様な業種の方々が宇宙に参入する際は、宇宙の特殊性を知る企業や研究者に、早いうちに相談することを強くおすすめする。

私も最初は岩石の研究者で、宇宙探査のことはなにも知らなかった。しかし、ＪＡＸＡの探査に参加して、宇宙探査機のハードウェアや開発方法についていろいろなことを学んだ。惑星科学者が日本の宇宙探査に参加したいとき、観測したいテーマで応募するのではなく、搭載したい科学機器で応募する。もちろん、そのままでは開発できないので、ＪＡＸＡのスタッフがノウハウを教えてくれる。

ＪＡＸＡのサポートで重要なのが、開発の各段階にある審査会である。この審査会では、大勢のＪＡＸＡスタッフや惑星探査経験のある外部の科学者で構成された審査員が開発途中の設計図や試験結果の資料を見て、たくさんのダメ出しをしてくれる。大量の質問は書類に整理され、すべてに適切な回答や解決策が提示できなければ先の段階に進めないという厳しいものだ。

しかし、過去の失敗事例を多数知る審査員のコメントは、宇宙探査のノウハウを勉強する最高の機会となっている。二〇年前には日本惑星科学会の中には、宇宙探査のノウハウを知る者はごくわずかしかいなかったが、「かぐや」や「はやぶさ」が成功するごとに惑星科学者の宇宙探査への参加者が増え、探査ノウハウを身につけた者も随分増えてきた。宇宙探査機や搭載機器を実際に製造するメーカーの若手の方々もこの審査会で随分鍛えられているように見える。

民間企業もJAXAの審査システムを活用している。ispace社はグーグル・ルナXプライズに参加するローバーの設計について、JAXAのスタッフによる審査会を行っていた。これは開発を成功させるために大変有効な手段だ。民間企業には民間企業の良さもあるが、宇宙機関には過去の探査経験による膨大なノウハウの蓄積がある。これらをうまく活用して、宇宙に関わりたい企業の実力を上げていくことが重要となるだろう。

大きな宇宙船、小さな宇宙船

ところで、大きな宇宙船と小さな宇宙船とどちらをつくるのが大変だろうか。予算が少ない宇宙探査は大きなロケットが使えないので、必然的に小さな探査機になってしまうが、実際のところ、小さくつくるのは大変だ。

探査機が小さいと周りの温度の変化で探査機全体の温度がすぐに変わってしまう。バッテリーやロケットエンジンも小さいと効率が悪い。電子回路は小さくつくるとノイズ対策が大変になる。観測機器が多くなれば、共通部分の作業について各機器のチームで情報共有や協力ができるが、観測機器が少ないとそのような効率化は図ることができない。もちろん各機器間の調整の面倒さは減るので、悪いことばかりでもないが、概ね技術的には難しくなる。

何が言いたいかというと、宇宙探査に新しい企業や新しい研究者を観測機器で参加させようと思ったら、大型探査の方がむしろハードルが低くなるのではないかということである。

これが、有人探査だとさらに簡単になる。無人探査機は燃料節約のために長時間かけて月に行くので、大量の宇宙放射線を浴びてしまう。これが、宇宙飛行士が行く場合には、宇宙放射線をたくさん浴びないように月への旅の時間は短くされるので、必然的に観測装置の耐放射線性能も低くて構わなくなる。さらに、いざというときには簡単なメンテナンスも宇宙飛行士に頼むことができる。もっとも、有人探査用の機器は、無人探査よりもはるかに高い安全規格が設定されるはずなので、大変になる部分もあるかと思う。しかし、宇宙船そのものが人を運べるほど大きいので、小さな観測機を試す機会は無人探査よりもはるかに増えるはずだ。新しい企業が参入できるチャンスは有人探査の時代には今よりずっと広がるはずである。

大きい宇宙船というのは、打ち上げロケットについても言える。すでに紹介したが、大きなロケットには相乗りの探査機を載せられることがある。相乗りだと格安で打ち上げられるので、学生の作った衛星も打ち上げることができ、宇宙開発のすそ野を広げることに役立っている。

小型ロケットの開発は打ち上げの機会を増やすことに確かに貢献すると思うが、その機会が増えるのは、中堅以上の宇宙探査の専門家ユーザーになるのではないかと思う。ロケットそのものを開発する場合は、小さいものからコツコツと積み上げるしかないが、ロケットに搭載される機器で新しく参入するものは大型プロジェクトに便乗する形が良い。

宇宙になぜ人は旅立つか

そもそも、人類は宇宙に旅立つ必要があるのか？
私は、次の三つの理由があると考えている。

(1) 人類存続のため
(2) 生命と宇宙の起源と未来を知るため
(3) 地球外知的生命と出会うため

(1)の人類存続のため、という理由には、今の問題に役立っていることと、将来の問題に役立つことの両方がある。

まず、今の問題に役立っている話をしよう。人類が宇宙的な視野を身につけることによって、現在の地球環境が少なからず守られているのだ。

すでに紹介したが、宇宙から見た地球の写真「ザ・ブルーマーブル」は宇宙船地球号という概念を広め、限りある地球環境を守らなければならないという意識を人類に与えた。金星探査では、気温が五〇〇度Cもあることの理由を研究することで、大気中のある種の気体には温室効果があることがわかった。

火星探査では、火星の砂嵐で地表温度が低下していることの観測から、火山噴火による火山灰が空に滞留することによって地球規模で気温が下がることもわかった。この考え方は、アメリカとソ連との冷戦の時代に、核戦争を抑止したとも言われている。もし核戦争でどちらかの国が勝っても、巻き上がる粉塵で地球全土が冷えて勝者はなくなるという「核の冬」モデルをカール・セーガンら科学者が世に知らしめた。そのため、米ソ首脳が核ミサイルのボタンを押すことをためらわせる効果があったとされているのだ。

このように、宇宙の研究は地球の環境を破壊する要因を知ることに通じ、現在の地球環境を守ることに役立っている。

将来の問題に役立つというのは、人類の生活範囲を宇宙に広げておけば地球規模の災害でも人類が生き延びられるという意味である。恐竜は一億六〇〇〇万年も繁栄した後で滅んでしまったが、人類の歴史は、まだたかだか二六〇万年である。これまで地球には、巨大隕石衝突や、大規模な火山活動などで、地球生命の種の七割以上を死滅させるようなできごとが、少なくとも五回は起きている。次の大規模災害で人類が生き残れるとは限らない。もっと長いスケールでは、太陽もあと五〇億年もすると巨大化して地球を飲み込んでしまうことがわかっている。

人類を永続させるためには、早々に火星など太陽系のあちこちに生活圏を広げておく必要があるし、長期的には他の恒星系に移住する必要がある。

(2)の生命と宇宙の起源と未来を知るため、というのは、人類の根源的な欲求ではないだろうか。人類は進化の過程で脳を発達させることで、生き残りを図ってきた。宇宙の理《ことわり》を知りたいと思うのは、進化の副産物なのかもしれない。

そもそも生命は地球だけに誕生したのか、それとも他の天体でも環境さえそろえば発生するのか、という疑問は、多くの宗教の世界観の根底に影響する大問題だろう。この問題は、太陽系の他の天体に生命が見つかることによって、この数十年のうちに答えが出るかもしれない。

科学の発達によって、人は、自分の身体が、宇宙誕生以来たくさんの恒星の中や超新星爆発の中で合成された、無数の塵の集合体でできていることを知った。地球の生命の中で、宇宙に飛び出して、宇宙のことを少しでも理解しているのは人類だけである。

(3)の地球外知的生命に出会うため、というのは、人によって賛否が大きく分かれることだろう。そもそも地球にしか知的生命体はいないと考える人も多数いるからだ。

人類は化石燃料の恩恵で短時間で科学技術文明社会をつくり出した。しかし、産業革命から二百数十年しかたっていない。人類が電波で通信をはじめてからはまだ一〇〇年程だ。このまま人類が自滅することなく一万年発展したら、どんな科学技術レベルになっているだろうか。それは、一万年後にならないとわからないが、同じように科学技術文明を達成してから一万年が経過した知的生命体とファーストコンタクトするのは、遠い先ではないかもしれない。そんな知的生命体は、どんな素晴らしい知識や考え方を有しているだろうか。病気や災害などあらゆる問題が解決されているかもしれない。

また、想像を遥かに超えた文化があるはずだ。例えば、我々人間の鑑賞する物語の多くは、男女という二つの性を持つことからドラマが展開される。これが、もし性の種類が三つの生物がいたらどうなるだろうか？

地球外知的生命を探索している研究者の間では、とっくの昔に肉体を捨てて、ＡＩとして発展を続けている文明の可能性も検討されている。そのような考えは、人類の科学技術がＡＩをつくる入口付近に達したから想像できるのであって、まだ自分たちが持っていない科学技術のことは、想像すらできないものだろう。

地球外知的生命との接触は、科学・哲学・宗教、あらゆるものの価値観を変革することだろう。四六億年の過程を経て現在の姿に至った人類の考え方には、その進化の過程の影響が色濃く残っているはずである。他の天体で全く別の進化の過程を経た知的生命体の考え方は、いったい人類とどう違っているだろうか。それがわかれば、人類の知性のルーツも明らかになるかもしれない。

今の人類は、もし地球外知的生命体に既に発見されていたとしてもコンタクトする価値もないほどの下等なレベルなのかもしれない。平和を維持して、宇宙に出る姿を見せることが必要なのだと思う。

さて、最後は話が大きくなってしまったが、いかがだっただろうか。地球を一歩踏み出すか、踏み出さないかで、人類の未来は大きく違ったものになるだろう。そして、最初の一歩の着地点は、最も近くにある月世界である。

これからはじまる宇宙の大航海時代に参加して、まずは新大陸「月」で一旗揚げようではありませんか。

あとがき

本の著者は皆そうであると思うが、私が本を執筆する時には一冊ごとに明確な目的がある。私にとって「月」の本の出版は今回が三作目となるが、同じ「月」をテーマとしていても、その目的は大きく異なっているのだ。

共通の目的もある。それは、多くの読者に月探査で得られた新しい知識を解説するという目的である。税金を使って探査や研究をさせていただいている以上、得られた知識の還元は、常に最重要な目的である。

では、一冊ごとに違う目的は何かというと、「知識」を還元した時に期待する効果である。一冊目の月の本は『世界はなぜ月をめざすのか』（講談社ブルーバックス、二〇一四年八月）で、二冊目は『月はぼくらの宇宙港』（新日本出版社、二〇一六年十月）、二冊目は、二〇一七年度の青少年読書感想文全国コンクールの課題図書（中学生の部）に選んでいただいた。そして三冊目が本書『月はすごい』である。

一冊目の『世界はなぜ月をめざすのか』の目的は、今考えると大変大それた野望だったのだが、「月探査計画を開始する後押しをすること」であった。当時、JAXAや文部科学省の中には月探査・開発の構想を組み立てて、着々と準備をする人々がいた。しかし、アメリカのオバマ政権は月探査・開発には否定的で、月探査には強烈な逆風が吹いていた。一方で中国は着々と月探査・開発を始めていた。中国の有人探査が現実的になってきたらアメリカがあせって有人月探査へ大きく舵をとることを、私は確信していたが、それに同意してくれる人はあまりいなかった。アメリカは莫大な資金と豊富な人材があるので、急に月開発へと舵を切ることもできるが、日本が急に軌道修正したのでは、大きく立ち遅れてしまう。私は焦っていた。

一研究者にできることは限られているが、本書で紹介したように、日本は世論が「はやぶさ2」を実現させたという世界でも珍しい事例があった。私は国民に科学の成果と将来の宇宙探査・開発のビジョンを説明することで宇宙政策を変える効果があると期待していた。また、二〇〇九年の事業仕分けのスーパーコンピューター開発予算についての質疑の際、蓮舫《れんほう》議員に「二位じゃダメなんでしょうか」という問いかけに担当者がうまく答えられなかったことも記憶に新しかった。実際のところは、公の場で二番じゃだめな理由を説明する最高の機会だったのだが、突然の事業仕分けで説明の準備ができなかったことは無理もないことであったかもしれない。しかし、このように政治家に説明する機会を逸している例は宇宙政策決定のプロセスのいたるところであり得るだろうと考えた。そこで、月探査の重要性を説明するロジックを誰でも使える形で多数埋め込んで書いたのが一冊目の本である。

この時は印税収入を使って自分の本を買って、月研究者や月探査の関係者に配った。内閣府宇宙開発戦略本部にも一〇冊送りつけた。さて、これで翌年には月への風が吹き始めるぞと思ったのだが、まあ、それは若気の至り、そんなに簡単に世論や政策が動くわけもない。実際には周辺事情の変化で月への風が急激に吹き始めたのは、四年後の二〇一八年のおわりころになる。もちろん、私の本がその風を起こしたとは全く思っていないが、どこかで、多少の役にたつ局面があったとしたら、嬉しい。二〇一八年には、まるで月への風が吹くことを予言したような本だということで、報道番組や新聞記者の方にたくさん取材していただいた。

二冊目の本は、小学校高学年から中学生にむけて書いた本である。一冊目はかなり政策を意識した大人向けの本であったので、今度は、純粋に、子どもたちに科学のすばらしさや、科学技術と社会システムによってつくられる明るい未来像を信じて欲しいという願いを込めて書いた。これは、私自身、故カール・セーガン博士の著作やテレビ番組を観て、明るい未来を想像し、また、そのような未来を実現するために働くことに喜びを感じられるようになったことに対する恩返しの気持ちでもあった。

一冊目が裏も表もある大人の事情を書いた本だとすれば、二冊目は純粋無垢かつ超ポジティブ思考で書いた本である。読むととっても未来が楽しみになるので、大人の方にも読んでいただきたい。実際、子ども向けで文字が大きいので、読みやすいと大人の読者にも好評をいただいている。

そして、三冊目の本書である。既に月への追い風は、もはや誰にも止められないレベルにまで高まっている。私も複数の月探査の準備に追われる日々だ。そんな時に中公新書編集部の藤吉亮平さんより月の本の執筆の依頼をいただいた。新しい月探査計画が続々企画され、伝えるべき新しい情報はたくさん追加されている。また、近い将来の月探査を立ち上げるための継続的努力は依然必要だ。しかしながら、もし月探査・開発の重要性をプロパガンダする本ということであれば一冊目を超えるテンションでは書けないだろう。

藤吉さんと議論する過程で、三冊目は、月探査が本格化し、宇宙へと人類のフロンティアが広がろうとしている時代、その流れに乗って新しいことを始めようという人に、何かしらのヒントをちりばめた本にしたい、いやむしろそんな本が絶対に今必要だ！　と考えるようになった。そうしてできたのが、本書である。つまり、本書は月というフロンティアの解説書にとどまらず、宇宙というフロンティアで何か面白いことをやってみませんか？　という熱いお誘いの本なのである。宇宙が宇宙飛行士や一部の研究者達だけに限られた活躍の舞台ではなくなりつつあることは、本書を読んでいただいた読者の方々には実感していただけたことだろう。

今年はアポロ11号月面着陸五〇周年記念ということで、映画のドラえもんも月が舞台の『ドラえもん　のび太の月面探査記』であった（もちろん、私は観に行った）。本当はその映画の公開に出版を間に合わせたかったのだが、日本でも新しい月探査計画が複数企画されてきて、それらのために行う実験や書類書きが増えてなかなか時間がとれず、執筆が長引いてしまった。その間に当初の担当編集の藤吉亮平さんが他部署へと異動となって、吉田亮子さんにバトンタッチすることとなった。吉田さんには、執筆ペースを調整していただいたり、時にテンションにまかせて過剰に書きすぎた部分や、説明を忘れていた部分などをご指摘いただいたりして、新書のフォーマットに適切に内容が配置されるように導いていただいた。お二人の編集者のおかげで、本書を書くことができた。ここに感謝したい。また、私の落書きのような図を分かりやすくも味のある魅力的なイラストにしてくださった関根美有さんにも感謝いたします。そして、校正者、印刷所など、編集作業に携わっていただいたすべての方へお礼申し上げます。

そして、家族に。ここ半年あまり、月探査の仕事と本書の執筆で土日や休日をほぼ使い切ってしまって、家族のイベントは私が無理やり付き合ってもらったドラえもんの映画くらいだったか。それでも、出版を楽しみに応援してくれて感謝である。

ところで、本書の完成は、私の当初の想定よりも数ヵ月遅れたが、そのことでイスラエルや、インドの月着陸挑戦、アメリカの有人探査計画前倒しなど、新たに詳しい情報を加えることができた。月探査・開発の情報は、本当に毎日のように更新されているのだ。本書でアンテナの張り方のコツをつかんだ読者の方々であれば、情報の洪水のなかから、宇宙探査の行く末を占う貴重な情報をすくいとっていただけることだろう。いつか月フロンティアに関係する何か面白いことで本書の読者と出会い、今度は私が想像もつかなかった月フロンティアでの活動について、教えていただく日が来ることを楽しみにしている。

二〇一九年八月

佐伯和人

「LPSC abstracts」（月惑星科学会議　アブストラクト）
Lunar and Planetary Science Conference（月惑星科学会議）とはアポロ月着陸と同年に始まった月科学会議をルーツにもつ太陽系天体関連を対象とした世界最大級の会議。毎年3月にアメリカで開催されており、月・惑星探査の最新の成果が発表される。アブストラクトというのは、事前に発表内容の概要をまとめた文書で、LPSCのインターネットサイトに事前に公開され、その後もいつでも閲覧できるようになっている。「LPSC　2019」のように西暦の部分を変えて検索すれば、各年のLPSCサイトが見つかり、最新の月・惑星探査の科学成果を幅広く閲覧することができる。ただし学術雑誌の論文と違って、簡単な審査プロセスしか経ていないため、研究途中の成果や、科学的根拠が弱い研究も散見される。

『宇宙兄弟』小山宙哉著（講談社）
あらためて紹介するまでもなく、宇宙開発を舞台とした超有名なマンガ。最新の宇宙探査の情報をていねいに取り入れつつ熱い人間ドラマを展開している。私は著者に礼を言いたい。と言うのも、20年前の大学生のほとんどにとって宇宙というと宇宙ステーションまでのイメージしかなく、「月探査なんてもうないし、する意味もないでしょう」という雰囲気だった。学生達の意識はあれから大きく変わり、今は月や火星をめざすのが当たり前のようになっている。それは『宇宙兄弟』の影響が本当に大きい。『宇宙兄弟』の描き出す世界は、多くの学生達が宇宙探査・開発をめざす道しるべとなっている。

●月の研究をはじめたい研究者用

"NewViews of the Moon" Mineralogical Society of America
月科学の研究論文集（英語）。2006年出版なので、「かぐや」以降の成果は掲載されていないが、1990年代の月全球探査で大きく進展した月科学の成果が網羅されている。最新の月科学を理解するためのベースとなる知識を身につけるのに便利。これから月研究をはじめるという方は、まずこの本の内容をおさえておきたい。この本の続編（現代版）をつくろうという動きがあり、近いうちに出版される予定。

"Lunar Source book: A User's Guide to the Moon"
Cambridge University Press
主としてアポロ計画時代の成果をまとめた、月科学者にとってバイブル的な論文集（英語）。全球リモートセンシング前夜の出版なので、月地質の解釈については古くなっている部分もある。しかし、人類はアポロ以降、有人着陸探査をしていないので、宇宙飛行士が月面で集めた情報は今でも最新の情報だ。着陸探査や有人探査がこれから続々と始まるが、その時にこそ役に立つ情報が満載である。

この本で宇宙放射線について勉強させていただいた。学術論文はごく狭い範囲の最先端部分しか書かれていないので、同じ理系の研究者でも他分野の者にはどこから手をつけて良いかわからない。この本のように、分野の知識が広い範囲で整理されている入門書は大変助かる。本書の放射線関係の数値データは出典が本文に書かれているもの以外は、この本から引用させていただいた。人が宇宙をめざすとき、どんな分野であろうとも放射線とうまくつきあわねばならない。宇宙環境の入門書として読んでおきたい一冊である。

●SF小説

『アルテミス（上・下）』アンディ・ウィアー著（ハヤカワ文庫SF）
映画「オデッセイ」の原作『火星の人』の作者の２作目となる長編小説。月に2000人規模の町ができた後の世界が舞台。月の町の仕組みが科学だけでなく政治や経済のレベルまで考えられていて興味深い。ちょっぴり悪な主人公が活躍する手に汗握る冒険小説。ただし、少々エロティックな描写もあるので、『火星の人』は小中学生にも薦められるが、『アルテミス』は中学校を卒業した人にのみお薦めするということにしておこう（親が読んで問題なしと思えば中学生が読んでもいいと思う）。

『第六大陸（１・２巻）』小川一水著（ハヤカワ文庫JA）
日本のゼネコンが月面に結婚式場をつくるという途方もない計画を数々の障害を乗り越えながら実行していくお話。「かぐや」の準備をしているころに、ゼネコンに勤めている知人の紹介で読んで「俺もがんばろう！」という気持ちになった。最近、お仕事ドラマというジャンルがはやっているが、月基地建設が現実味をおびてきた今こそ、テレビドラマ化して欲しい作品だ。ちなみに、第六大陸というのは、南極に代わる新大陸という位置づけで月を呼んだもの。本書で月を新しいフロンティアとして第七の大陸（南極を６番目としてカウントしている）と表現しているが、これは小川氏の着想を借用したものである。

ブックガイド

本書で月探査・月開発に興味を持っていただいた方に、おすすめの本を「一般向け入門書」、「SF小説」、「月の研究をはじめたい研究者用」の三種類に分けて紹介したい。もちろん、既刊の拙著も「一般向け入門書」としておすすめなのだが、「あとがき」に書いたので本コーナーからは割愛する。

●一般向け入門書

『宇宙探査ってどこまで進んでいる？』寺薗淳也著（誠文堂新光社）
ロケット技術、月探査、火星移住計画まで、今知りたい宇宙探査の内容を幅広くわかりやすく解説した宇宙探査ガイドブック。ふりがな付で小学生にも読みやすいが、内容の質と量は大人も満足できる。著者の寺薗さんは研究者としてもJAXA広報としても宇宙探査に関わってこられたので、読者目線のテーマのチョイスや解説の的確さは流石というところ。今もっともおすすめできる宇宙探査入門書だ。

『天文学者が、宇宙人を本気で探してます！』鳴沢真也著（洋泉社）
本書を読んで宇宙人とのファーストコンタクトに興味を持った方にはぜひ読んでいただきたい本。部分的なダイソン球（メガストラクチャー）が実際に観測されたかもしれないという騒動の顛末が詳しく書かれてあるほか、天文学者がどうやって宇宙人を探しているか、もしファーストコンタクトしたときはどのように対応するかなど、大変詳しく解説されている。私がここ数年読んだ本の中で最もワクワクした本だ。

『トコトンやさしい宇宙線と素粒子の本』山﨑耕造著
（日刊工業新聞社）
開発中の月探査用分光カメラの耐放射線試験を始める前に、私自身

佐伯和人（さいき・かずと）

1967年（昭和42）愛媛県生まれ．博士（理学）．東京大学大学院理学系研究科鉱物学教室で博士取得．専門は惑星地質学，鉱物学，火山学．ブレイズ・パスカル大学（フランス），秋田大学を経て，現在，大阪大学理学研究科宇宙地球科学専攻准教授．JAXA 月探査「かぐや」プロジェクトの地形地質カメラグループ共同研究員．月探査 SELENE-2 計画着陸地点検討会の主査を務め，月着陸計画 SLIM にかかわるなど，複数の将来月探査プロジェクトの立案に参加している．

著書『世界はなぜ月をめざすのか』（講談社ブルーバックス，2014年）
『月はぼくらの宇宙港』（新日本出版社，2016年）
ほか

月《つき》はすごい
中公新書 *2560*

2019年 9 月25日発行

著　者　佐 伯 和 人
発行者　松 田 陽 三

本 文 印 刷　三 晃 印 刷
カバー印刷　大熊整美堂
製　　　本　小 泉 製 本

発行所　中央公論新社
〒100-8152
東京都千代田区大手町 1-7-1
電話　販売 03-5299-1730
　　　編集 03-5299-1830
URL http://www.chuko.co.jp/

Published by CHUOKORON-SHINSHA, INC.
Printed in Japan　ISBN978-4-12-102560-9 C1244

中公新書刊行のことば

いまからちょうど五世紀まえ、グーテンベルクが近代印刷術を発明したとき、書物の大量生産は潜在的可能性を獲得し、いまからちょうど一世紀まえ、世界のおもな文明国で義務教育制度が採用されたとき、書物の大量需要の潜在性が形成された。この二つの潜在性がはげしく現実化したのが現代である。

いまや、書物によって視野を拡大し、変りゆく世界に豊かに対応しようとする強い要求を私たちは抑えることができない。この要求にこたえる義務を、今日の書物は背負っている。だが、その義務は、たんに専門的知識の通俗化をはかることによって果たされるものでもなく、通俗的好奇心にうったえて、いたずらに発行部数の巨大さを誇ることによって果たされるものでもない。現代を真摯に生きようとする読者に、真に知るに価いする知識だけを選びだして提供すること、これが中公新書の最大の目標である。

私たちは、知識として錯覚しているものによってしばしば動かされ、裏切られる。私たちは、作為によってあたえられた知識のうえに生きることがあまりに多く、ゆるぎない事実を通して思索することがあまりにすくない。中公新書が、その一貫した特色として自らに課すものは、この事実のみの持つ無条件の説得力を発揮させることである。現代にあらたな意味を投げかけるべく待機している過去の歴史的事実もまた、中公新書によって数多く発掘されるであろう。

中公新書は、現代を自らの眼で見つめようとする、逞しい知的な読者の活力となることを欲している。

一九六二年一一月

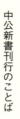

中公新書

自然・生物

s1